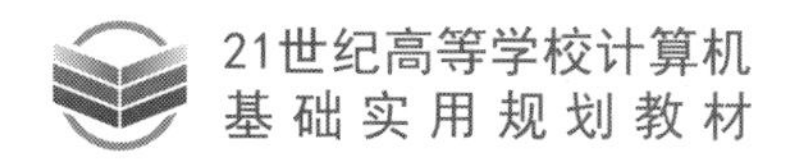

Python 程序设计

◎ 祁瑞华　主编　　郑旭红　副主编

清华大学出版社
北京

内容简介

本书以零基础为起点介绍 Python 程序设计方法。各章内容由浅入深、相互衔接、前后呼应、循序渐进。全书各章节选用丰富的程序设计语言经典实例来讲解基本概念和程序设计方法，同时配有大量习题供读者练习。

全书共 9 章，第 1 章介绍 Python 语言开发环境；第 2 章介绍 Python 程序设计语言的基础语法；第 3 章介绍列表和元组；第 4 章介绍字符串；第 5 章介绍字典和集合；第 6 章介绍函数与模块；第 7 章介绍 Python 的程序流程控制；第 8 章介绍文件操作；第 9 章介绍异常处理。

本书语言表达简洁、严谨、流畅，内容通俗易懂、重点突出、实例丰富，适合作为高等院校各专业程序设计语言课程的教材，也可以作为非计算机专业公共基础课教材。

图书在版编目(CIP)数据

Python 程序设计/祁瑞华主编. —北京：清华大学出版社，2018(2022.1重印)
(21 世纪高等学校计算机基础实用规划教材)
ISBN 978-7-302-49808-7

Ⅰ. ①P… Ⅱ. ①祁… Ⅲ. ①软件工具—程序设计 Ⅳ. ①TP311.561

中国版本图书馆 CIP 数据核字(2018)第 033242 号

责任编辑：贾　斌　薛　阳
封面设计：刘　键
责任校对：李建庄
责任印制：丛怀宇

出版发行：清华大学出版社
网　　址：http://www.tup.com.cn，http://www.wqbook.com
地　　址：北京清华大学学研大厦 A 座　　**邮　　编**：100084
社 总 机：010-62770175　　**邮　　购**：010-83470235
投稿与读者服务：010-62776969，c-service@tup.tsinghua.edu.cn
质量反馈：010-62772015，zhiliang@tup.tsinghua.edu.cn
课件下载：http://www.tup.com.cn，010-83470236
印 装 者：三河市科茂嘉荣印务有限公司
经　　销：全国新华书店
开　　本：185mm×260mm　　**印　　张**：13.25　　**字　　数**：324 千字
版　　次：2018 年 3 月第 1 版　　**印　　次**：2022 年 1月第5次印刷
印　　数：11501 ～ 12000
定　　价：39.00 元

产品编号：077974-01

出版说明

随着我国改革开放的进一步深化，高等教育也得到了快速发展，各地高校紧密结合地方经济建设发展需要，科学运用市场调节机制，加大了使用信息科学等现代科学技术提升、改造传统学科专业的投入力度，通过教育改革合理调整和配置了教育资源，优化了传统学科专业，积极为地方经济建设输送人才，为我国经济社会的快速、健康和可持续发展以及高等教育自身的改革发展做出了巨大贡献。但是，高等教育质量还需要进一步提高以适应经济社会发展的需要，不少高校的专业设置和结构不尽合理，教师队伍整体素质亟待提高，人才培养模式、教学内容和方法需要进一步转变，学生的实践能力和创新精神亟待加强。

教育部一直十分重视高等教育质量工作。2007 年 1 月，教育部下发了《关于实施高等学校本科教学质量与教学改革工程的意见》，计划实施"高等学校本科教学质量与教学改革工程(简称'质量工程')"，通过专业结构调整、课程教材建设、实践教学改革、教学团队建设等多项内容，进一步深化高等学校教学改革，提高人才培养的能力和水平，更好地满足经济社会发展对高素质人才的需要。在贯彻和落实教育部"质量工程"的过程中，各地高校发挥师资力量强、办学经验丰富、教学资源充裕等优势，对其特色专业及特色课程(群)加以规划、整理和总结，更新教学内容、改革课程体系，建设了一大批内容新、体系新、方法新、手段新的特色课程。在此基础上，经教育部相关教学指导委员会专家的指导和建议，清华大学出版社在多个领域精选各高校的特色课程，分别规划出版系列教材，以配合"质量工程"的实施，满足各高校教学质量和教学改革的需要。

本系列教材立足于计算机公共课程领域，以公共基础课为主、专业基础课为辅，横向满足高校多层次教学的需要。在规划过程中体现了如下一些基本原则和特点。

(1) 面向多层次、多学科专业，强调计算机在各专业中的应用。教材内容坚持基本理论适度，反映各层次对基本理论和原理的需求，同时加强实践和应用环节。

(2) 反映教学需要，促进教学发展。教材要适应多样化的教学需要，正确把握教学内容和课程体系的改革方向，在选择教材内容和编写体系时注意体现素质教育、创新能力与实践能力的培养，为学生的知识、能力、素质协调发展创造条件。

(3) 实施精品战略，突出重点，保证质量。规划教材把重点放在公共基础课和专业基础课的教材建设上；特别注意选择并安排一部分原来基础比较好的优秀教材或讲义修订再版，逐步形成精品教材；提倡并鼓励编写体现教学质量和教学改革成果的教材。

(4) 主张一纲多本，合理配套。基础课和专业基础课教材配套，同一门课程可以有针对不同层次、面向不同专业的多本具有各自内容特点的教材。处理好教材统一性与多样化，基本教材与辅助教材、教学参考书，文字教材与软件教材的关系，实现教材系列资源配套。

(5) 依靠专家,择优选用。在制定教材规划时依靠各课程专家在调查研究本课程教材建设现状的基础上提出规划选题。在落实主编人选时,要引入竞争机制,通过申报、评审确定主题。书稿完成后要认真实行审稿程序,确保出书质量。

繁荣教材出版事业,提高教材质量的关键是教师。建立一支高水平教材编写梯队才能保证教材的编写质量和建设力度,希望有志于教材建设的教师能够加入到我们的编写队伍中来。

21 世纪高等学校计算机基础实用规划教材

联系人:魏江江 weijj@tup.tsinghua.edu.cn

前　言

Python 语言作为一种免费、开源语言，已被许多学校引入教学过程。它是面向对象和过程的程序设计语言，具有丰富的数据结构、可移植性强、语言简洁、程序可读性强等特点。本书根据实际教学经验，对内容进行选择，力求面向读者，以程序设计零基础为起点，结合 Python 程序设计的基础知识、Python 的基础语法、列表和元组、字符串、字典和集合、函数与模块、Python 的控制语句、文件操作和异常处理，通过丰富的代码实例和示例，向读者介绍 Python 程序设计的方法及主要思想。

本书编者长期从事计算机课程的教学工作，具有丰富的教学经验和较强的科学研究能力。编者本着加强基础、注重实践、强调思想的教学、突出实践应用能力和创新能力培养的原则，力求使本书有较强的可读性、适用性和先进性。

本教材从零基础起点出发，结构精简，语言流畅，具体特点如下。

(1) 由浅入深、循序渐进地介绍 Python 程序设计语言，让读者能够较为系统全面地掌握程序设计的理论和应用。

(2) 运用丰富的案例解释程序设计方法和思想，易于学习者理解。

(3) 提供大量配套习题供读者深入学习、掌握教材内容，所提供的代码实例和案例均在 Python 2.7 环境下通过调试和运行。

本书由祁瑞华任主编，郑旭红任副主编。提供本书初稿的主要有祁瑞华(第 1 章)、李富宇(第 2 章)、刘彩虹(第 3 章和第 4 章)、郭旭(第 5 章、第 8 章、第 9 章)，杨松(第 6 章)，郑旭红(第 7 章)。参加书中内容、习题和解答编写的还有刘强、秦兵兵、蔡晓丹、杨岚、徐玲和魏晓聪等。

本书可作为(但不限于)：

(1) 计算机专业本科生程序设计教材；

(2) 会计、经济、管理、统计以及其他非工科专业本科生程序设计教材；

(3) 非计算机专业本科生公共基础课程序设计教材；

(4) 专科院校或职业技术学院程序设计教材；

(5) Python 培训用书；

(6) 编程爱好者自学用书。

本书所提供的程序示例及实例均在 Python 2.7 环境下进行了调试和运行，同时，为了帮助读者更好地学习 Python，编者在每章后编写了大量的习题供读者练习。

在本书的编写过程中，清华大学出版社的魏江江老师和贾斌老师提出了许多宝贵的意见，在此致以衷心的感谢。

由于 Python 程序设计技术的发展日新月异，加之作者水平有限，书中难免存在不足之处，敬请广大读者批评指正。

编者

2017 年 11 月于大连

目　录

第1章 Python概述

Python是一种简单易学、功能强大的编程语言，具有高效率的高级数据结构和简洁有效的面向对象编程方法。Python凭借其具有简练的语法、动态的编程方法和解释执行的特点，已经成为很多领域和平台上的脚本撰写和快速应用开发的理想语言。

1.1 初识Python

1.1.1 Python语言的特点

Python语言的特点总结为如下几条：

(1) Python是一种高层次的结合了解释型、交互型和面向对象的脚本语言。

(2) Python语言风格简洁。基于“对于一个特定问题，只提供一种最好的解决方法”的思路，Python语言具有简洁清晰的语法风格，易读懂、易维护。

(3) Python语言具有强大的处理能力，集成了模块、异常处理和类的概念，内置支持灵活的数组和字典等高级数据结构类型，完全支持继承、重载、派生、多继承，支持重载运算符和动态类型，源代码易于复用。

(4) Python语言结构清晰，关键字相对较少，容易学习。

(5) Python语言提供了丰富的API和工具，可作为扩展语言为各种应用开发接口，可编程接口方便对接当前主要的系统、函数库和应用程序，可在C或C++中扩展。

(6) Python语言开发的应用具有很好的可移植性和兼容性，可以在UNIX、Mac、OS/2、MS-DOS、Windows等各个版本的操作系统上运行。

(7) Python语言语法限制严格，对代码行的缩进等编程习惯有严格要求。

(8) Python语言提供了丰富的标准库和扩展库。Python标准库功能齐全，提供了系统管理、网络通信、文本处理、文件处理、网页浏览器、数据库接口、电子邮件、密码系统、图形用户界面等操作。除了标准库，Python还提供了操作系统管理、科学计算、自然语言处理、Web开发、图形用户界面开发和多媒体应用等多个领域的高质量第三方扩展包。

1.1.2 Python语言的应用领域

Python语言目前已经广泛应用于多个领域，主要包括：

1. 操作系统管理

Python语言具有易读性好、效率高、代码重用性好、扩展性好等优势，适合用于编写操作系统管理脚本。Python提供了操作系统管理扩展包Ansible、Salt、OpenStack等。

2. 科学计算

Python 开发环境很适合用于处理实验数据、制作图表或者开发科学计算应用程序。Python 科学计算扩展库包括了快速数组处理模块 NumPy、数值运算模块 SciPy、数据分析和建模库 Pandas、可视化和交互式并行计算模块 IPython 和绘图模块 matplotlib 等,其他开源科学计算软件包也为 Python 提供了调用接口,例如计算机视觉库 OpenCV、医学图像处理库 ITK、三维可视化库 VTK 等。

3. 自然语言处理

Python 语言本身可以完成文本处理任务,同时还拥有功能强大的第三方自然语言处理工具库,包括 NLTK、spaCy、Pattern、TextBlob、Gensim、PyNLPI、Polyglot、MontyLingua、BLLIP Parser、Query 等,提供了分词、词干提取、词性标注、语法分析、情感分析、语义推理、机器翻译等类库,以及机器学习的向量空间模型、分类算法和聚类算法等丰富的功能。

4. Web 编程

Python 提供了多种 Web 编程解决方案和模块,可以方便地定制服务器软件,Python 提供的 Web 应用开发框架有 Django 和 Pyramid 等,微型 Python Web 框架有 Flask 和 Bottle 等,提供的高级内容管理系统有 Plone 和 django CMS 等。提供的工具集包括 Socket 编程、CGI、Freeform、Zope、CMF、Plone、Silva、Nuxeo CPS、WebWare、Twisted Python、CherryPy、SkunkWeb、Quixote、4Suite Server、Spyce、Albatross、Cheetah、mod_python 等,Python 的标准库支持的 Internet 协议包括 HTML、XML、JSON、E-mail processing、FTP、IMAP 等。

5. 图形用户界面开发

Python 提供的 GUI 编程模块包括 Tkinter、wxPython、PyGObject、 PyQt、PySide、Kivy 等,用户可以根据需要编写出强大的跨平台用户界面程序。

6. 多媒体应用

Python 提供了丰富的多媒体应用模块,包括能进行二维和三维图像处理的 PyOpenGL 模块,以及可用于编写游戏软件的 PyGame 模块等。

1.2 Python 版本和开发环境

1.2.1 Python 语言的版本

Python 语言是由 Guido van Rossum 在 1989 年底于荷兰国家数学和计算机科学研究所设计的,Python 的设计基于多种计算机语言,包括 ABC、Modula-3、C、C++、Algol-68、SmallTalk、UNIX Shell 和其他的脚本语言。

Python 语言的第一个公开发行版本发行于 1991 年,目前主要使用的版本是 Python 2 和 Python 3。Python 开发团队同时维护 Python 2. x 和 Python 3. x 两个系列,Python 3. x 的发行时间并不一定晚于 Python 2. x。

本书编写完成时最新版本为 Python 2. 7. 13 和 Python 3. 6. 2,更多版本的更新可以关注 Python 官方网站 https://www. python. org/。

由于 Python 3 在设计时不考虑向下兼容,还有很多 Python 第三方扩展库目前尚未支持 Python 3，因此作为 Python 的初学者，选择合适的版本是首要问题。选择 Python 版本的参考原则如下：

(1) 如果开发的应用对 Python 的版本有特殊要求，应该按此要求选择 Python 的版本。

(2) 如果在开发中需要使用特定的第三方扩展库，要注意确定是否与 Python 3 兼容，如果不兼容建议选择 Python 2。

如果没有特别说明，本书后续部分的讲解基于 Python 2.7 版本。

1.2.2 Python 的集成开发环境

Python 是一门跨平台的语言，集成开发环境可以提供 Python 程序开发环境的各种应用程序，一般包括代码编辑器、编译器、调试器和图形用户界面等工具，同时集成代码编写功能、分析功能、编译功能、调试功能等功能于一体。使用 Python 集成开发环境，可以帮助开发者提高开发的速度和效率，减少失误，也方便管理开发工作和组织资源。

常用的 Python 集成开发环境主要有：

1. IDLE

IDLE 是 Python 内置的集成开发环境。当安装好 Python 以后，IDLE 就自动安装好了。基本功能包括语法加亮、段落缩进、基本文本编辑、调试程序等。

2. Anaconda

Anaconda 是 Python 的集成安装软件，完全开源和免费。其中默认安装 Python、IPython、集成开发环境 Spyder 和众多流行的科学、数学、工程、数据分析的 Python 包，支持 Linux、Windows、Mac 等操作系统平台，支持 Python 2. x 和 Python 3. x，可在多版本 Python 之间自由切换。

Anaconda 额外的加速、优化是收费的，对于学术用途可以申请免费的 License。

Anaconda 的下载和安装详见 1.4.3 节。

3. Spyder

Spyder 是一个强大的开放源代码的交互式跨平台 Python 语言科学运算开发环境，集成了 NumPy、SciPy、Matplotlib 与 IPython 等开源软件。提供高级的代码编辑、交互测试、调试等特性，支持包括 Windows、Linux 和 OS X 操作系统。

Spyder 官方下载网址为 https://pypi.python.org/pypi/spyder。

4. Eclipse+PyDev

PyDev 是 Eclipse 开发的 Python 集成开发环境，支持 Python、Jython 和 IronPython 的开发。Eclipse+PyDev 插件适合开发 Python Web 应用，功能包括：自动代码完成、语法高亮、代码分析、调试器，以及内置的交互浏览器。

PyDev 官方下载网址为 http://pydev.org/。

5. PyCharm

PyCharm 是 JetBrains 开发的 Python 集成开发环境，功能包括：调试器、语法高亮、Project 管理、代码跳转、智能提示、自动完成、单元测试、版本控制等，并支持 Google App Engine 和 IronPython。

PyCharm 专业版是商业软件，提供部分功能受限制的免费简装版本，官方下载地址为 http://www.jetbrains.com/pycharm/。

6. Wing

Wing 是一个功能强大的 Python 集成开发环境，兼容 Python 2.x 和 Python 3.x，可以结合 Tkinter、mod_wsgi、Django、matplotlib、Zope、Plone、App Engine、PyQt、PySide、wxPython 等 Python 框架使用，支持测试驱动开发，集成了单元测试和 Django 框架的执行和调试功能，支持 Windows、Linux、OS X 等操作系统。

Wing 的专业版是商用软件，也提供了免费的简装版本，官方下载地址为 https://wingware.com/。

1.3 Python 的安装和设置

1.3.1 Python 的下载

Python 在不同操作系统平台上的安装和配置过程基本一致，本书基于 Windows 10 和 Python 2.7 搭建 Python 开发环境。

首先下载 Python 安装程序，步骤如下：

(1) 打开 Python 官方网站下载页面 https://www.python.org/downloads/，显示如图 1-1 所示页面。

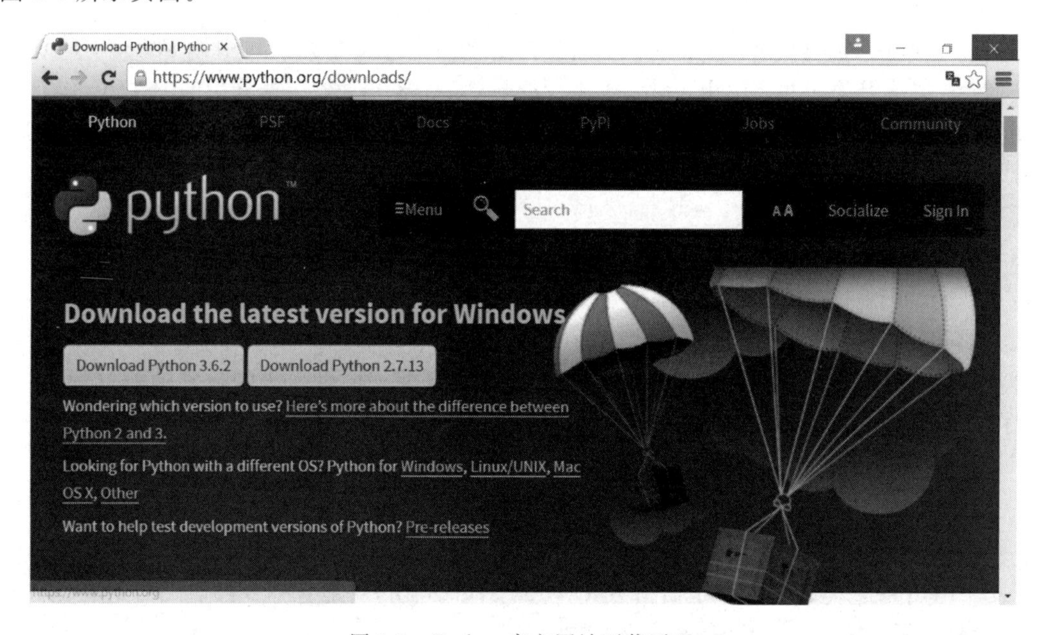

图 1-1 Python 官方网站下载页面

(2) 下载 Python 安装程序。例如单击图 1-1 中的“Download Python 2.7.13”按钮，下载安装文件 Python 2.7.13.msi，共 18.3MB。

1.3.2 Python 的安装

Python 的安装过程如下：

(1) 双击下载的安装文件 Python 2.7.13.msi，启动如图 1-2 所示的安装界面。

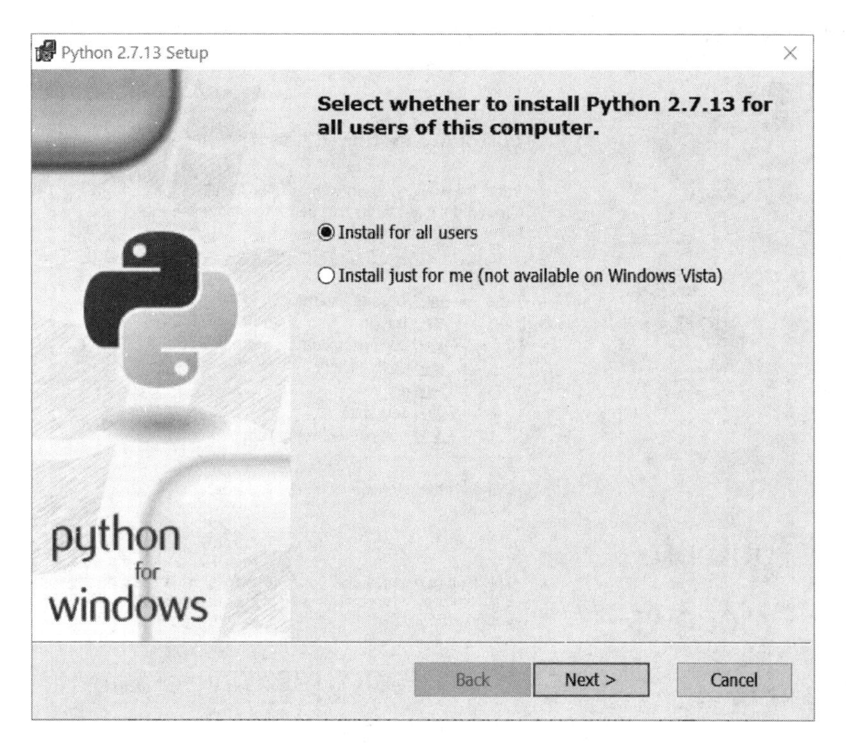

图 1-2　Python 安装界面

（2）选择 Install for all users 或 Install just for me 项，单击 Next 按钮。在图 1-3 中选择 Python 的安装位置，默认安装目录是“C:\Python27\”。

图 1-3　选择 Python 的安装位置

（3）单击 Next 按钮，设置 Python 解释器和类库等安装选项，如图 1-4 所示。

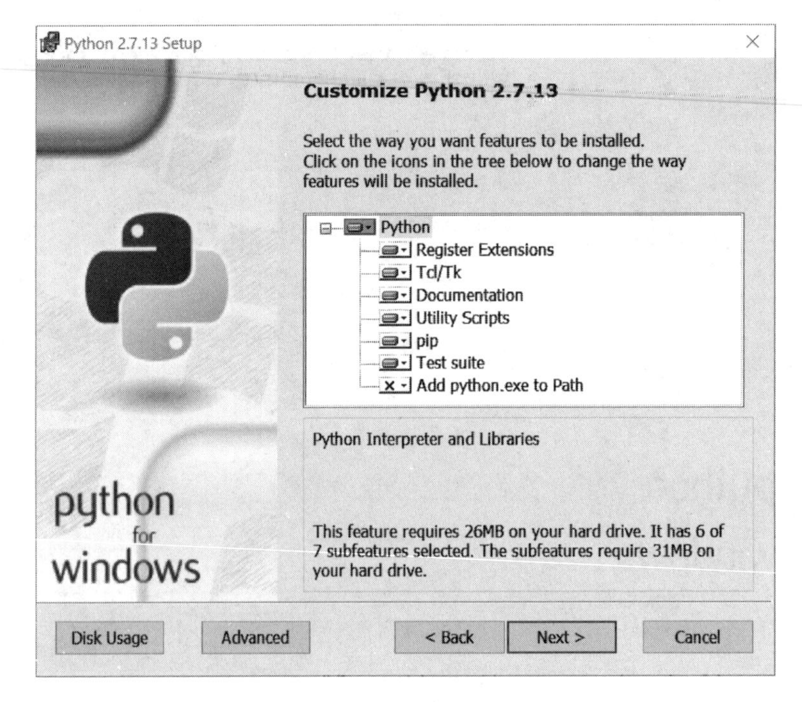

图 1-4　设置 Python 解释器和类库等安装选项

（4）单击 Next 按钮，完成安装。

1.3.3　Python 扩展包的安装和管理

Python 基本环境安装之后，在开始特定的开发任务之前，需要安装和管理一系列 Python 扩展包。

Python 有两个基本的包管理工具 easy_install.py 和 pip。

在 Python 不同版本的安装包中，包含不同的预装模块。安装扩展包之前，可以先查看 Python 已经安装了哪些包。

【例 1-1】　查看 Python 中安装的包。

（1）在 Windows“开始”菜单中选择 Python 2.7|Python(command line)，启动 Python 解释器交互界面，出现解释器提示符号“>>>”，如图 1-5 所示。

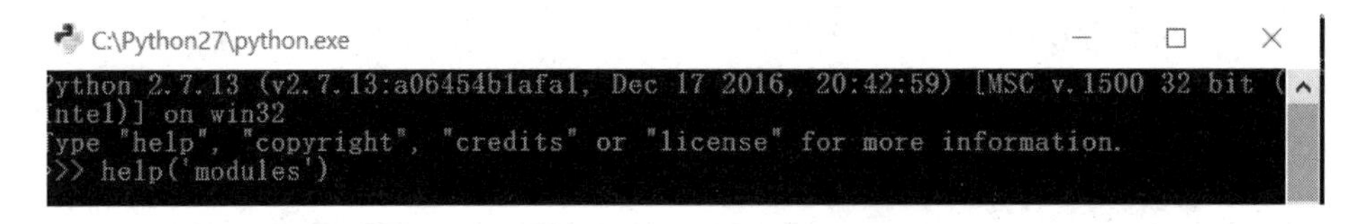

图 1-5　Python 解释器交互界面

（2）在解释器提示符号“>>>”后输入“help('modules')”，按 Enter 键后即显示 Python 中已经安装的包名称，如图 1-6 所示。

（3）可以看到，在 Python 2.7.13 中，已经安装包管理工具 easy_install.py 和 pip。

```
C:\Python27\python.exe
ython 2.7.13 (v2.7.13:a06454b1afa1, Dec 17 2016, 20:42:59) [MSC v.1500 32
 bit (Intel)] on win32
ype "help", "copyright", "credits" or "license" for more information.
>> help('modules')

lease wait a moment while I gather a list of all available modules...

aseHTTPServer       anydbm              imageop             setuptools
astion              argparse            imaplib             sgmllib
GIHTTPServer        array               imghdr              sha
anvas               ast                 imp                 shelve
onfigParser         asynchat            importlib           shlex
ookie               asyncore            imputil             shutil
ialog               atexit              inspect             signal
ocXMLRPCServer      audiodev            io                  site
ileDialog           audioop             itertools           smtpd
ixTk                base64              json                smtplib
TMLParser           bdb                 keyword             sndhdr
imeWriter           binascii            lib2to3             socket
ueue                binhex              linecache           sqlite3
crolledText         bisect              locale              sre
impleDialog         bsddb               logging             sre_compile
impleHTTPServer     bz2                 macpath             sre_constants
impleXMLRPCServer   cPickle             macurl2path         sre_parse
ocketServer         cProfile            mailbox             ssl
tringIO             cStringIO           mailcap             stat
```

图 1-6　查看 Python 中已经安装的包

（4）安装了 pip 后，也可以在 Windows 命令提示符窗口中输入“pip list”查看已经安装的 Python 扩展包名称及其版本，如图 1-7 所示。

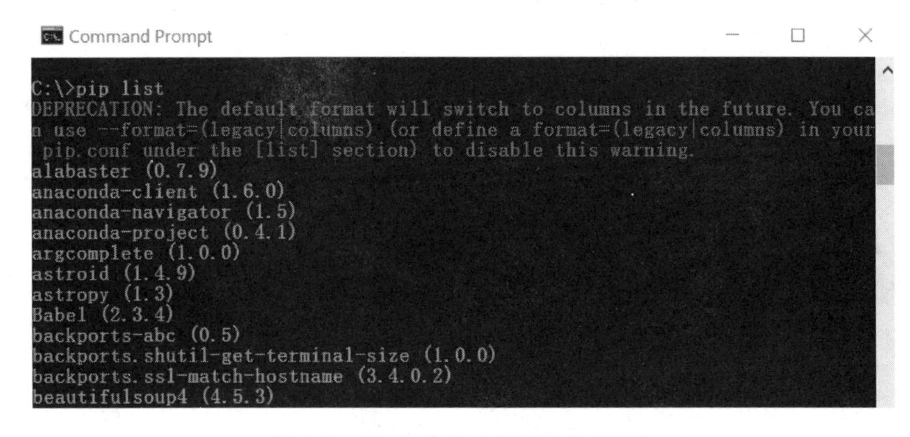

图 1-7　用 pip 命令查看已安装扩展包

pip 可以运行在 UNIX/Linux、OS X 和 Windows 平台上。

【例 1-2】 更新 Python 中的扩展包。

建议在使用包管理工具 pip 之前，将其更新到最新版本，Python 中更新安装包的命令格式为：

```
python -m pip install -U 待更新扩展包的名称
```

更新 pip 的方法为：联网状态下在 Windows 命令提示符窗口中输入如下命令，如图 1-8 所示。

```
python -m pip install -U pip
```

图 1-8　更新 pip

【例 1-3】　安装 NLTK 扩展包。

NLTK(Natural Language Toolkit)是在自然语言处理领域中最常使用的 Python 库自然语言工具包。

Python 中安装扩展包最新版本的命令格式为：

```
python -m pip install 待安装扩展包的名称
```

安装 NLTK 扩展包最新版本的方法为：联网状态下在 Windows 命令提示符窗口中输入如下命令：

```
python -m pip install NLTK
```

类似的，Python 中安装扩展包特定版本的命令格式为：

```
python -m pip install 待安装扩展包的名称 == 版本号
```

安装扩展包某个兼容版本的命令格式为：

```
python -m pip install 待安装扩展包的名称~ = 版本号
```

1.4　执行 Python 程序

1.4.1　Python 解释器执行 Python 程序

运行 Python 安装目录下的 python.exe 文件，可以启动 Python 解释器。启动 Python 解释器常用的方式有以下两种：

(1) 可以在 Windows 命令提示符窗口中输入“python”启动。

(2) 或者在 Windows“开始”菜单中选择 Python 2.7 | Python(command line)启动 Python 解释器。

【例 1-4】　启动 Python 解释器，输出“Hello,Python!”

(1) 在 Windows 命令提示符窗口中输入“python”启动 Python 解释器，如图 1-9 所示，出现解释器提示符号“>>>”。

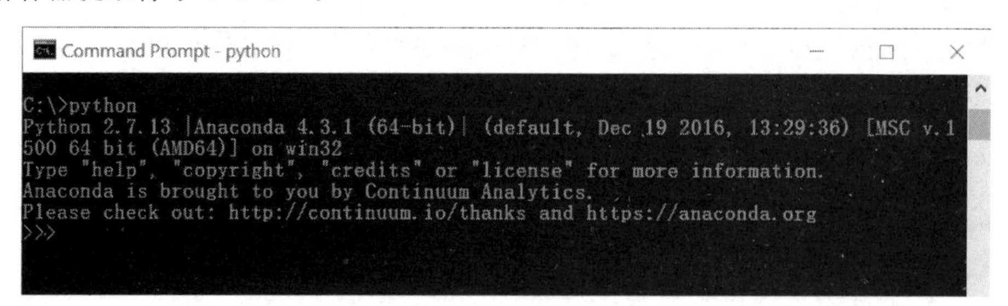

图 1-9　启动 Python 解释器

(2) 在解释器提示符号“>>>”后输入一条 python 语句：

```
>>> print "Hello, Python!"
```

结果如图 1-10 所示。

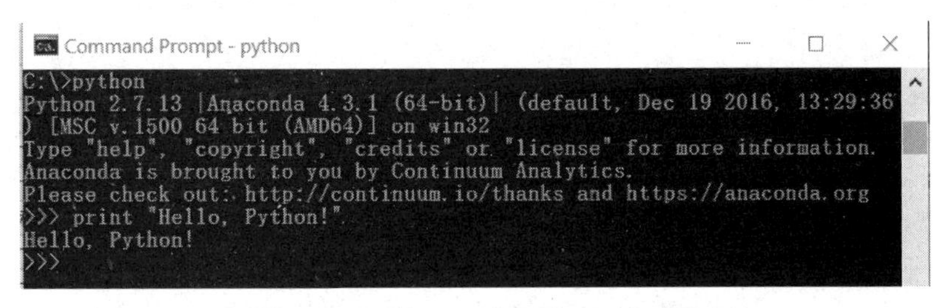

图 1-10 运行 print "Hello, Python!"

【注意】 Python 3.x 环境下，print 语句的格式为：print("Hello, Python!")。如果在 Python 3.x 中使用 Python 2.x 的 print 语法，将出现“SyntaxError: invalid syntax”错误。

【例 1-5】 用 Python 解释器进行数学运算。

在解释器提示符号“>>>”后输入数学表达式：

```
>>> print 2018 * 12 * 30
```

得到如图 1-11 所示的输出。

图 1-11 用 Python 解释器进行数学运算

【例 1-6】 退用 Python 解释器。

退出 Python 解释器的方法为：

(1) 输入 quit()命令。

(2) 按 Ctrl+Z 组合键并同时按 Enter 键。

(3) 直接关闭命令行窗口。

1.4.2 Python 集成开发环境 IDLE

Python 集成开发环境 IDLE(Integrated DeveLopment Environment)提供图形开发用户界面，相对于 Python 解释器的命令行方式，可以提高 Python 程序开发的效率。

运行 Python 集成开发环境 IDLE 可以采用如下方式：

(1) 在 Windows“开始”菜单中选择 Python 2.7|IDLE (Python GUI)命令，启动 IDLE，如图 1-12 所示。

(2) 在 Windows 命令提示符窗口中输入“IDLE”启动。

【例 1-7】 用 Python IDLE 执行 Python 语句。

在解释器提示符号“>>>”后输入：

```
>>> print "Python " * 5
```

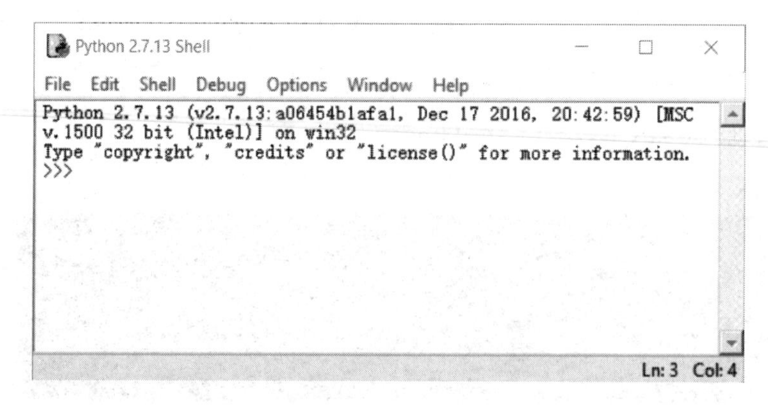

图 1-12 Python 集成开发环境 IDLE

其中"Python "＊5 表示将字符串"Python "输出 5 次。

得到输出如图 1-13 所示。

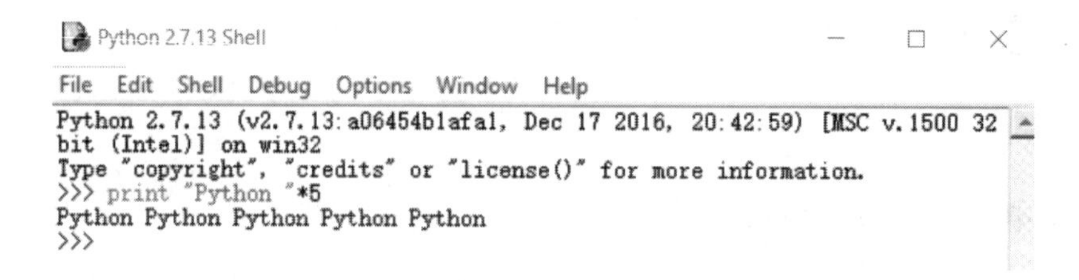

图 1-13 用 Python IDLE 执行 Python 语句

【注意】 在 IDLE 中编辑 Python 语句时，可以观察到，命令自动识别并显示为橘红色，字符串自动显示为绿色，输出结果自动显示为蓝色，这样的集成开发环境有利于提高代码编辑的效率。

单行语句能够实现的功能有限，多行语句可以实现更复杂的程序功能。在 IDLE 中可以打开 Python 编辑器，编辑代码后保存为.py 的文件，就可以在 IDLE 中执行代码文件，显示执行结果。

【例 1-8】 在 Python IDLE 中执行.py 文件。

(1) 在 IDLE 中单击 File|New File 命令，打开 Python 编辑器，如图 1-14 所示。

(2) 在编辑器中输入代码，每一行的缩进和对齐格式要按照如下格式输入。输入代码过程中，编辑器会自动显示函数提示，如图 1-15 所示。

【注意】 在输入过程中，如果前一行以冒号"："结束，按 Enter 键后下一行自动缩进。除中文外，所有字符在英文状态下输入。

```
x = int(input("请输入第一个整数: "))
y = int(input("请输入第二个整数: "))
if(x == y):
    print "两数相同"
elif(x > y):
    print x,"比",y,"大"
else:
    print x,"比",y,"小"
```

Python 2.7.13 Shell
File Edit Shell Debug Options Window Help
Python 2.7.13 (v2.7.13:a06454b1afa1, Dec 17 2016, 20:42:59) [MSC v.1500 32 bit (Intel)] on win32
Type "copyright", "credits" or "license()" for more information.
Untitled
File Edit Format Run Options Window Help
Ln: 1 Col: 0
Ln: 24 Col: 4

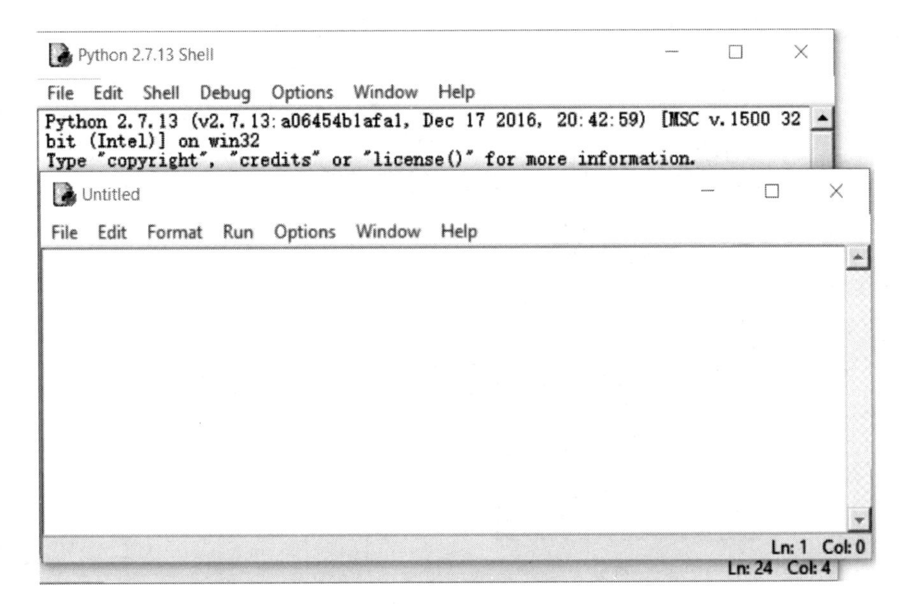

图 1-14　Python 编辑器

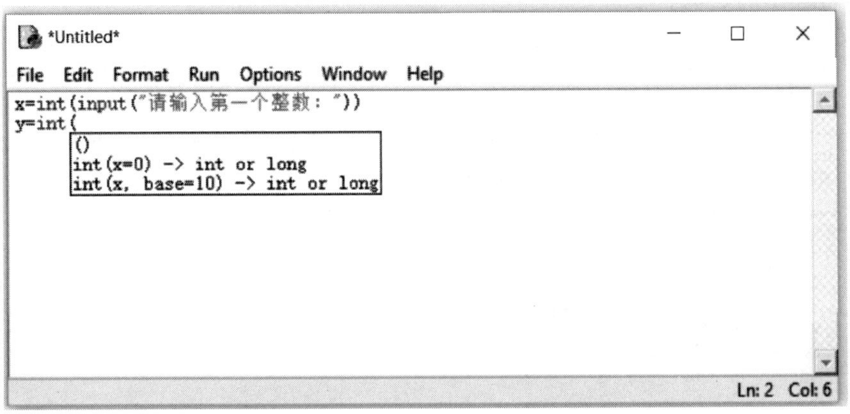

Untitled
File Edit Format Run Options Window Help
x=int(input("请输入第一个整数: "))
y=int(
()
int(x=0) -> int or long
int(x, base=10) -> int or long
Ln: 2 Col: 6

图 1-15　编辑器会自动显示提示

(3) 编辑器中代码输入完毕，如图 1-16 所示。

Example1-7.py - C:/Python27/Example1-7.py (2.7....
File Edit Format Run Options Window Help
x=int(input("请输入第一个整数: "))
y=int(input("请输入第二个整数: "))
if(x==y):
print "两数相同"
elif(x>y):
print x,"比",y,"大"
else:
print x,"比",y,"小"
Ln: 9 Col: 0

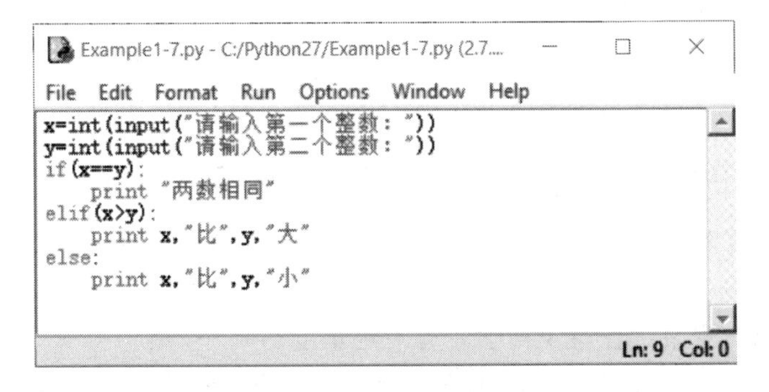

图 1-16　例 1-8 代码

(4) 选择编辑器菜单 File|Save as，保存编辑器中的代码为文件“Example1-7. py”，如图 1-17 所示。

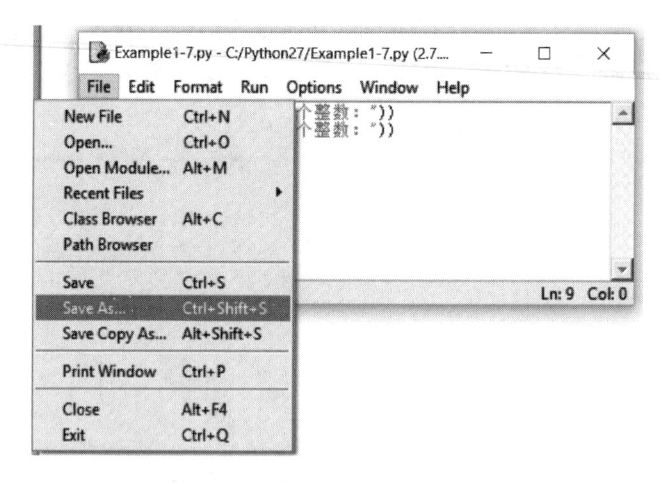

图 1-17 保存编辑器中的代码

(5) 按键盘上的功能键 F5，在解释器中开始执行代码程序“Example1-7. py”，图 1-18 中是两次执行程序的结果。

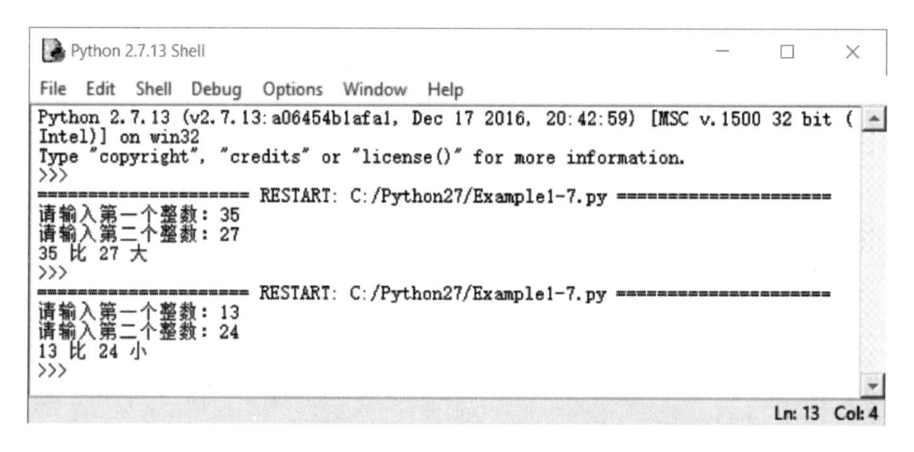

图 1-18 在解释器中执行代码程序

【注意】 Python 解释器和编辑器的区分：解释器的窗口标题是“Python 2. 7. 13 Shell”，有提示符“>>>”，如图 1-18 所示；编辑器的窗口标题是正在编辑的文件名称及存放的位置，未命名文件的窗口标题为 untitled，没有提示符，如图 1-16 所示。

1.4.3 Anaconda——Python 科学计算环境

Python 功能强大并提供了很多科学计算模块，包括 numpy、scipy 和 matplotlib 等。但要配置好 Python 进行科学计算的环境，不仅需要逐个安装相关的模块，还需要考虑各个版本模块之间的兼容，安装过程对于初学者有一定难度。

Anaconda 是 Python 的免费科学计算集成安装环境，编译集成了 Python 基本环境、交互式解释器 IPython、集成开发环境 Spyder、Python 科学计算和数据挖掘的第三方库

numpy、scipy、matplotlib 等模块。

Anaconda 的安装简单，在 Anaconda 中多版本 Python 和第三方库的安装和维护也简单易行。Anaconda 跨平台性好，可以在 Windows、MAC OS 或 Linux 平台上使用。因此，Anaconda 非常适合需要协调不同版本 Python 及其扩展库的开发者和初学者使用。

1. Anaconda 的下载和安装

（1）Anaconda 的官方下载地址是 https://www.continuum.io/downloads，如果在国内访问，建议到清华大学开源软件镜像站下载，地址为 https://mirrors.tuna.tsinghua.edu.cn/anaconda/archive/。

本书下载的版本是 Anaconda2-4.3.1-Windows-x86_64.exe，是 Windows 操作系统下的 64 位安装包。

（2）下载后双击安装程序，安装界面如图 1-19 所示。

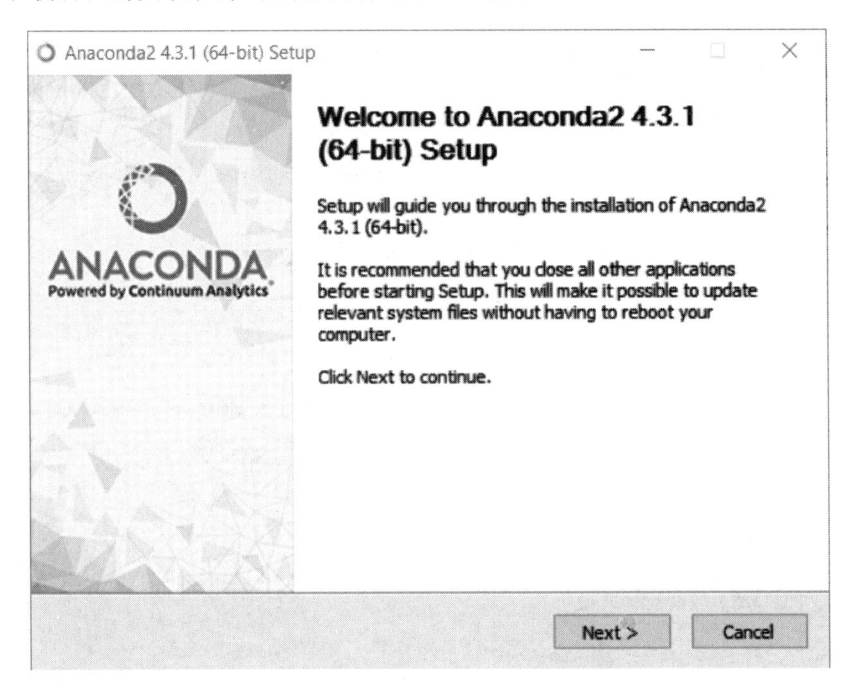

图 1-19　Anaconda 安装界面

（3）单击 Next 按钮，在如图 1-20 所示的 License Agreement 界面中单击 I Agree 按钮。

（4）在如图 1-21 所示的 Select Installation Type 界面中选择使用此应用的用户。

（5）单击 Next 按钮，进入 Choose Install Location 界面，在这里为 Anaconda 选择安装路径，如图 1-22 所示。

（6）单击 Next 按钮，进入 Advanced Installation Option 界面，如图 1-23 所示。

选中 Add Anaconda to my PATH environment variable 复选框，将 Anaconda 加入 PATH 环境变量，这样当使用 Python、IPython、conda 和其他 Anaconda 应用时，程序在系统中的路径可以被找到，从而能够顺利启动。

如果不选择 Add Anaconda to my PATH environment variable 复选框，则必须使用 Anaconda 命令提示符方式。

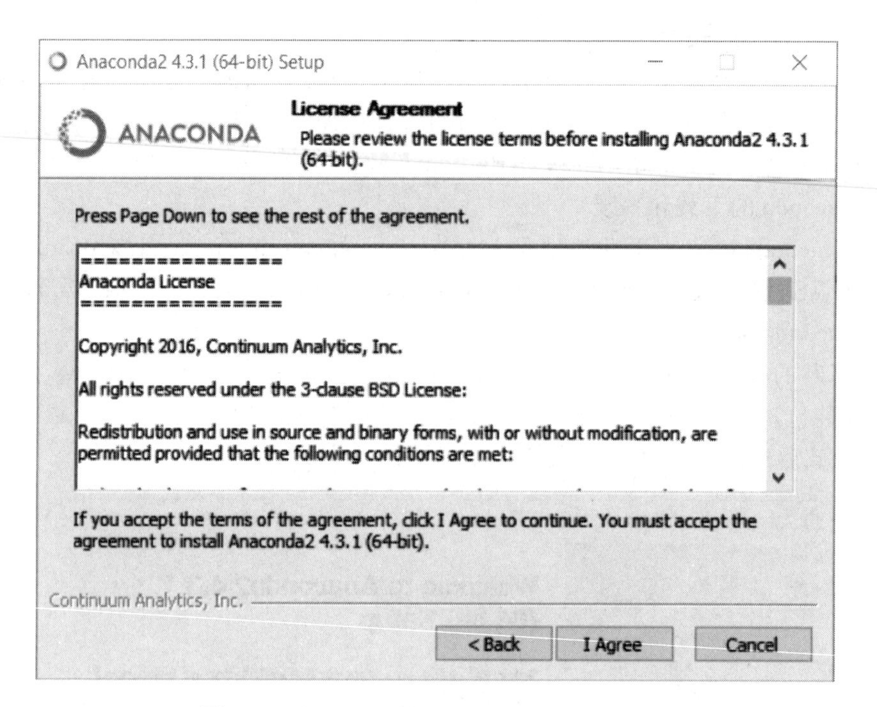

图 1-20　Anaconda 的 License Agreement 界面

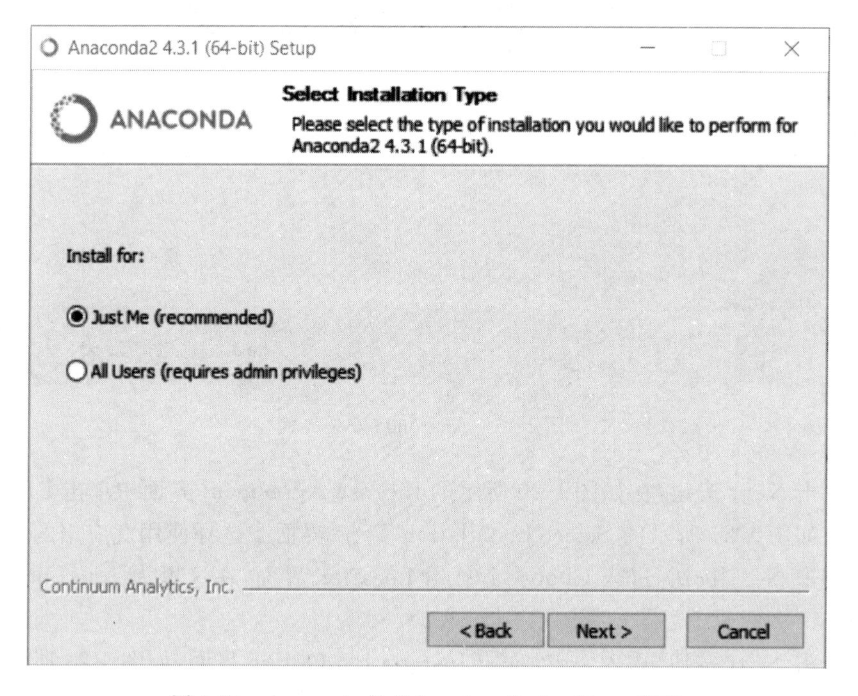

图 1-21　Anaconda 的 Select Installation Type 界面

选中复选框 Register Anaconda as my default Python 2.7，则其他应用程序会自动检测并将 Anaconda 作为系统中的首要 Python 2.7 版本。

(7) 单击 Install 按钮，进入 Installing 界面，可以单击 Detail 按钮查看安装详情，如

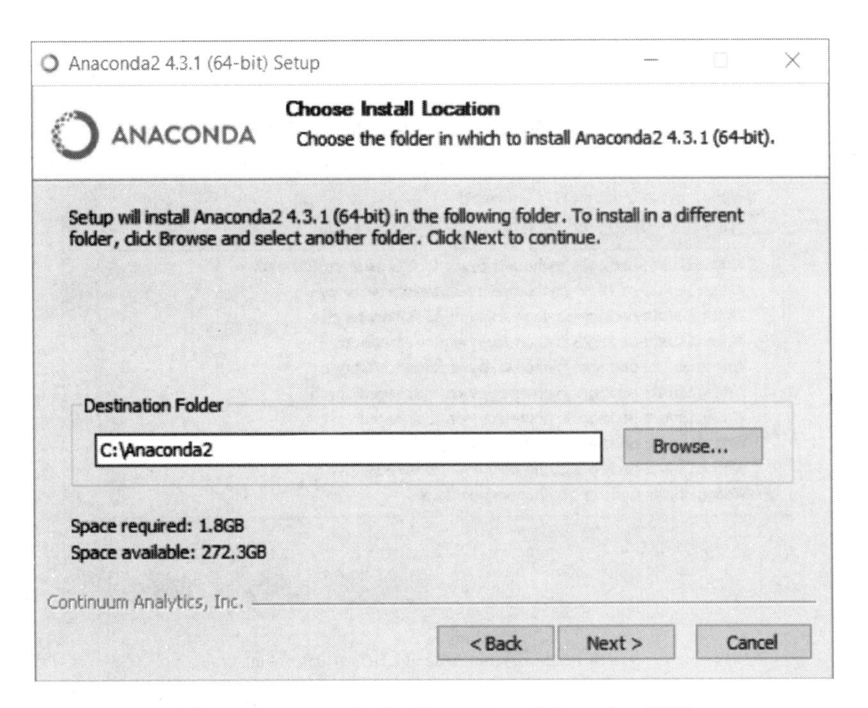

图 1-22　Anaconda 的 Choose Install Location 界面

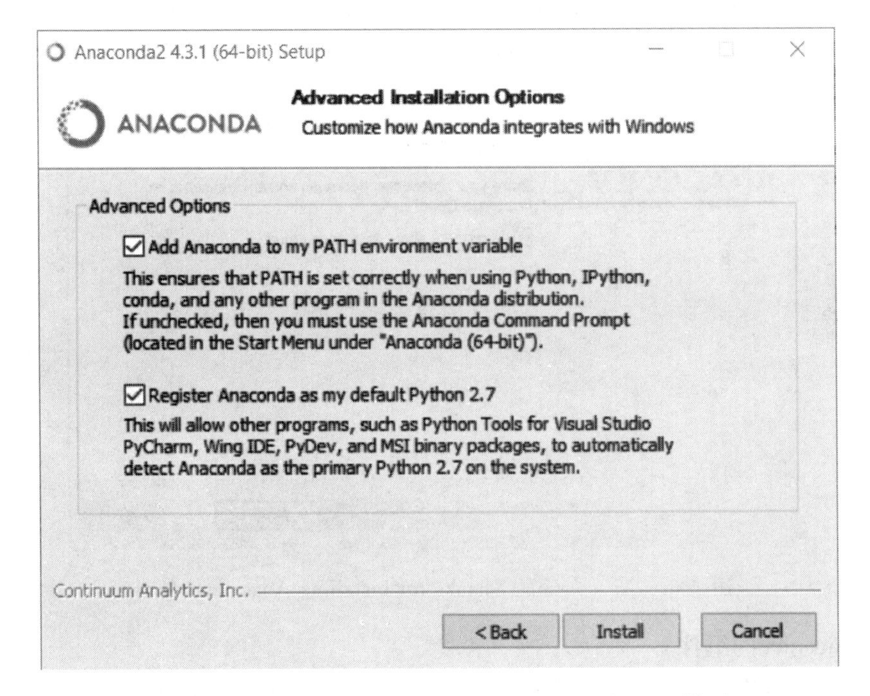

图 1-23　Anaconda 的 Advanced Installation Options 界面

图 1-24 所示。

(8) 安装完毕，单击 Next 按钮，进入 Thanks for installing Anaconda! 界面，如图 1-25 所示，单击 Finish 按钮，完成安装。

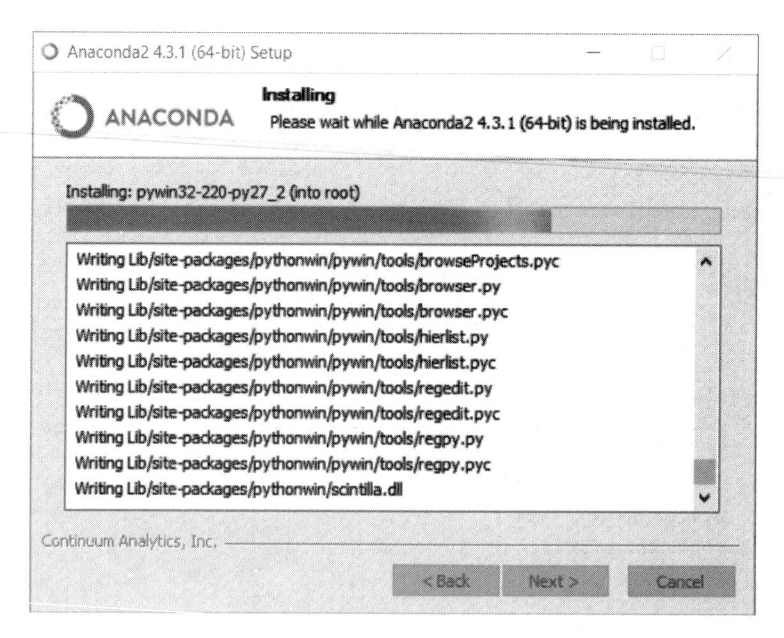

图 1-24　Anaconda 的 Installing 界面

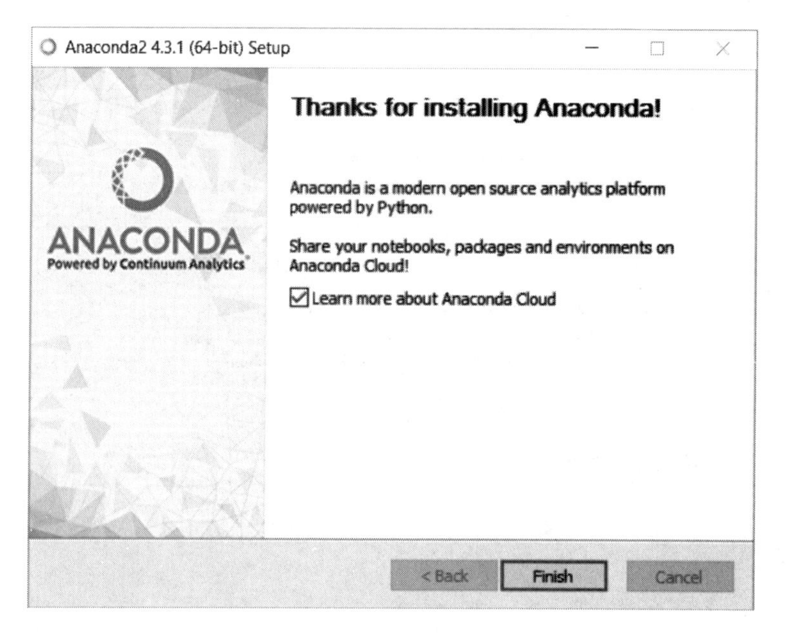

图 1-25　Anaconda 的 Thanks for installing Anaconda! 界面

2. Anaconda 的组件

在 Windows 的"开始"菜单中选择"Anaconda2"，显示 Anaconda 的主要组件，如图 1-26 所示。

- Anaconda Cloud

Anaconda Cloud 是一种连续分析包管理服务，云服务使得各种服务便于查询、访问、存储和共享。

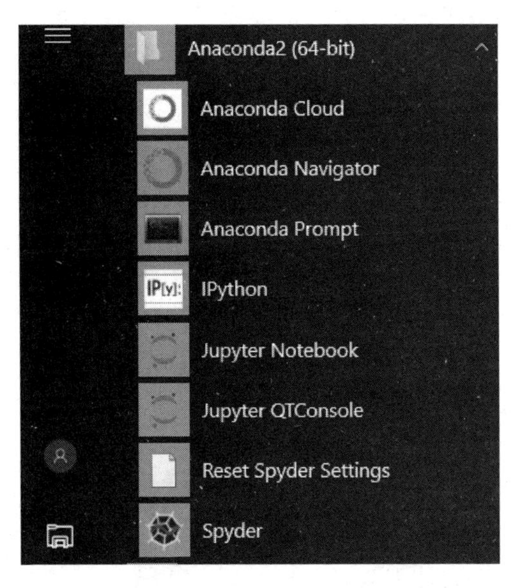

图 1-26　Anaconda 的主要组件

对于使用者，在 Anaconda Cloud 中不需要注册账号就可以搜索、下载和安装公共扩展包。对于开发者，Anaconda Cloud 可以使软件开发、发布和维护。

- Anaconda Navigator

Anaconda Navigator 是基于 Web 的图形用户界面交互式计算环境，用于启动应用、管理扩展包和管理应用环境。可以设置 Anaconda Navigator 在 Anaconda Clouds 中或在本地搜索扩展包。

- Anaconda Prompt

Anaconda Prompt 是 Anaconda 的命令行界面，在这里可以通过输入命令管理应用环境和扩展包。

- IPython

IPython 是一个改进的 Python 交互式运行环境，为交互式计算提供了丰富的架构：支持变量自动补全、自动缩进、交互式的数据可视化工具、Jupyter 内核、可嵌入的解释器和高性能并行计算工具等功能。

- Jupyter Notebook

Jupyter Notebook 是一个交互式笔记本，支持运行 40 多种编程语言，可以用来编写漂亮的交互式文档，便于创建和共享程序文档，支持实时编码、数学方程和可视化，可以用于数据清理和转换、数值模拟、统计建模、机器学习、展示数据分析过程等任务。

- Jupyter QTConsole

Jupyter QTConsole 是一个轻量级可执行 IPython 的仿终端图形界面程序，可以直接显示代码生成的图形、实现多行代码输入执行，并提供内联数据、图形提示和图形显示等功能和函数。

- Spyder

Spyder 是基于 Python 语言的科学运算集成开发环境，集成在 Anaconda 中，功能包括代码编辑、交互测试、程序调试和自检功能等。

• Reset Spyder Settings

恢复 Spyder 的默认设置。

3. Anaconda Navigator 的使用

Anaconda Navigator 是管理环境和扩展包的图形用户界面，在这里无须掌握相关命令就可以通过菜单完成搜索、安装、运行和升级扩展包等功能。

在 Windows“开始”菜单中选择 Anaconda2 | Anaconda Navigator，启动 Anaconda Navigator，如图 1-27 所示。

图 1-27 Anaconda Navigator 的 Home 界面

(1) 创建一个新的环境

单击图 1-27 中的 Environment 标签，在图 1-28 的 Environment 窗口中单击 Create 按钮。

在图 1-28 所示的对话框中输入 Environment name，如 NLP27，在 Pakage 中选择 Python，在 Python version 中选择 2.7，单击 Create 按钮。

这样，Anaconda Navigator 就创建了一个新的环境并激活了这个环境，如图 1-29 所示，root 下面的高亮部分是当前激活的环境 NLP27。除非更改当前环境，之后所有的操作就在此环境中进行。

单击 NLP27 右边的按钮，可以显示当前环境的使用选项，如图 1-30 所示。

(2) 扩展包管理

在 Environment 窗口中，右边显示的就是当前环境中的扩展包，可以在窗口上方选择 Installed、Not Installed、Upgradable 或者 All。

• 查看已经安装的扩展包

选择 root 环境和 Installed 选项，可以查看当前 root 环境中已经安装的扩展包及其版

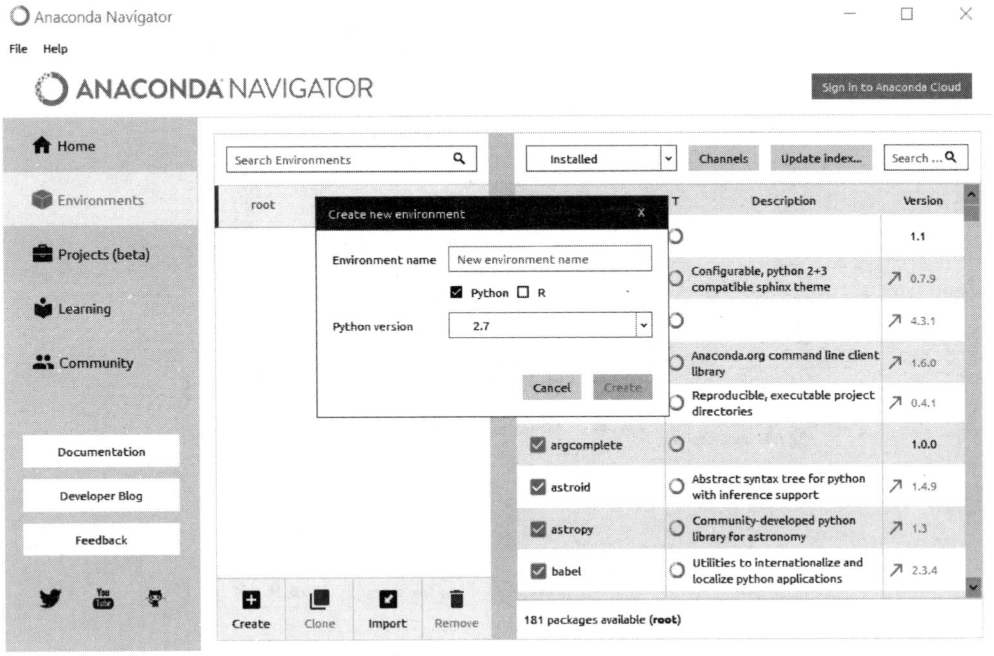

图 1-28 Anaconda Navigator 的 Environment 界面

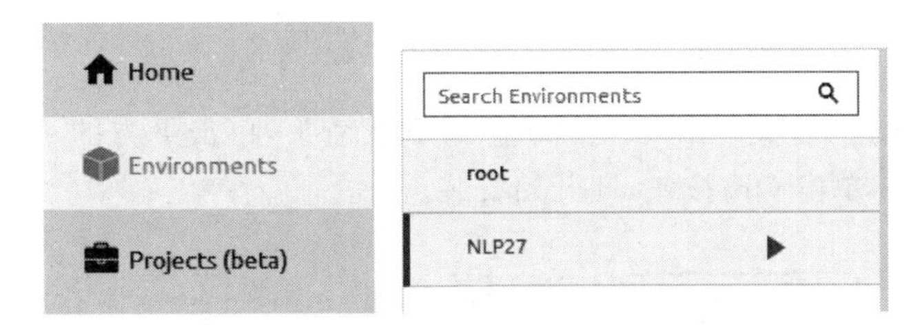

图 1-29 Anaconda Navigator 当前激活的环境

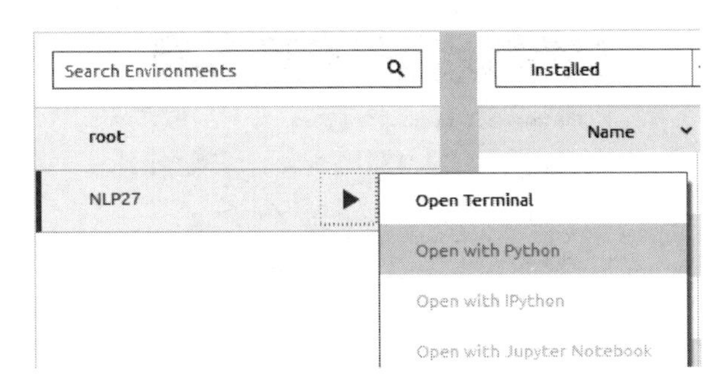

图 1-30 Anaconda Navigator 当前环境的使用选项

本,如图 1-31 所示。版本号前有箭头的,表示有可以升级的版本。

- 安装新的扩展包

选择 All 选项,在右边的搜索框中输入要安装的扩展包名称,如 gensim,下面的窗口中即出现可以安装的新扩展包,如图 1-32 所示。

图 1-31 Anaconda Navigator 当前环境安装的扩展包

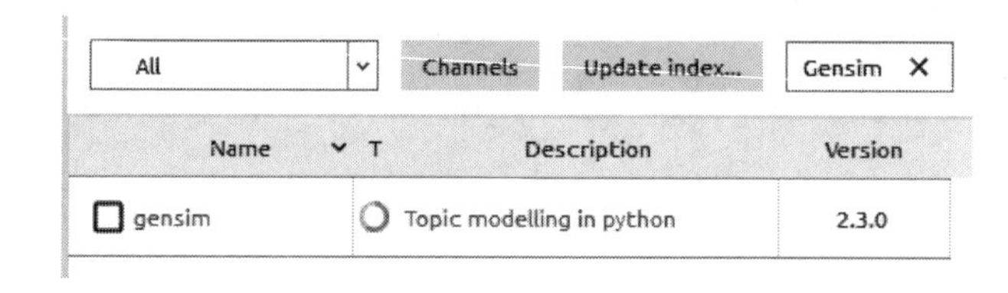

图 1-32 Anaconda Navigator 安装新的扩展包

选中 gensim 复选框，框中出现一个绿色的下载箭头，单击下方的 Apply 按钮，弹出对话框如图 1-33 所示，单击 OK 按钮，即开始安装。

图 1-33 开始安装扩展包

4. Spyder 的使用

Spyder 是 Python 的科学计算集成开发环境，支持 Python 解释器和 IPython 解释器，也支持常用的 Python 类库，例如线性代数包 NumPy 、信号和图像处理包 SciPy、交互式 2D/3D 绘图包 matplotlib 等。

在 Windows“开始”菜单中选择 Anaconda2|Spyder 命令，启动 Spyder，如图 1-34 所示。

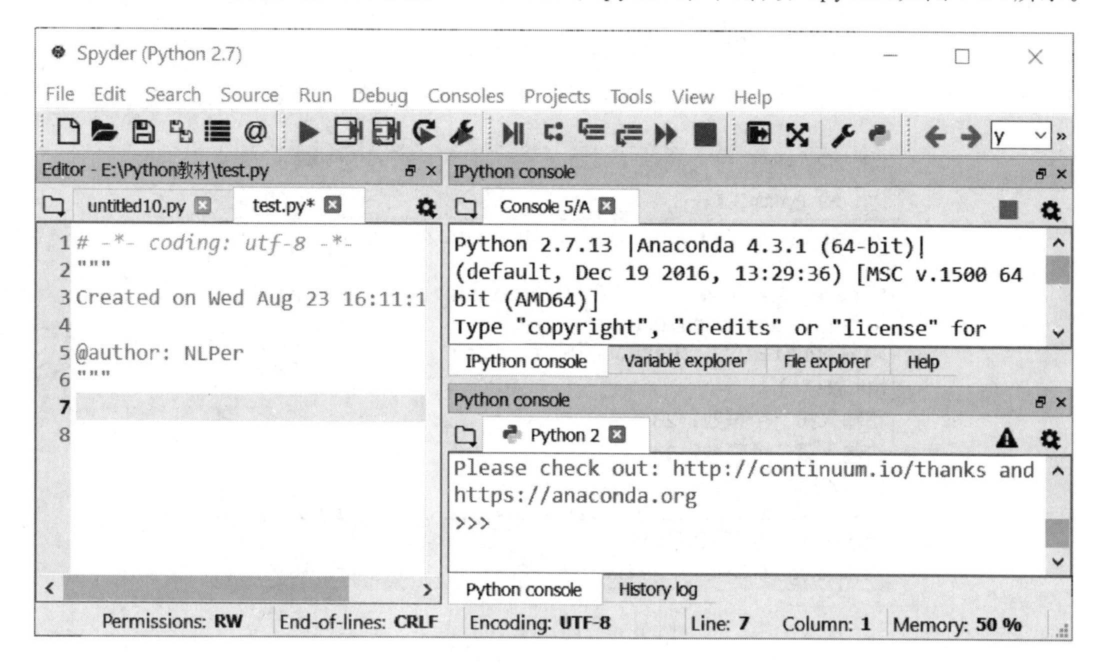

图 1-34　Spyder 界面

- Spyder 编辑器

Spyder 的文本编辑器是一个多语言编辑环境，支持语法彩色标记、实时代码分析、高级代码分析、代码自检功能和类浏览器等功能。

图 1-34 左边的窗口就是 Spyder 编辑器，尝试在其中输入如下代码：

```
x = int(input("请输入第一个整数: "))
y = int(input("请输入第二个整数: "))
if(x == y):
    print "两数相同"
elif(x > y):
    print x,"比",y,"大"
else:
    print x,"比",y,"小"
```

选择菜单 File|Save as 将上述代码以“文件名.py”保存，例如“test.py”。

- Spyder 控制台(console)

在控制台中，可以在命令解释器中输入数据、浏览和显示程序运行结果。在控制台中输入的各个命令在各自独立的进程中执行。

Spyder 的控制台主要有两个：Python console 和 IPython console。

如果要运行上述编辑的程序，单击图 1-34 窗口上面工具栏中的“运行”按钮，运行刚才输入的代码，如图 1-35 所示。

图 1-35　Spyder 工具栏中的运行按钮

程序自动在窗口右下角的 Python console 中运行，如图 1-36 所示。

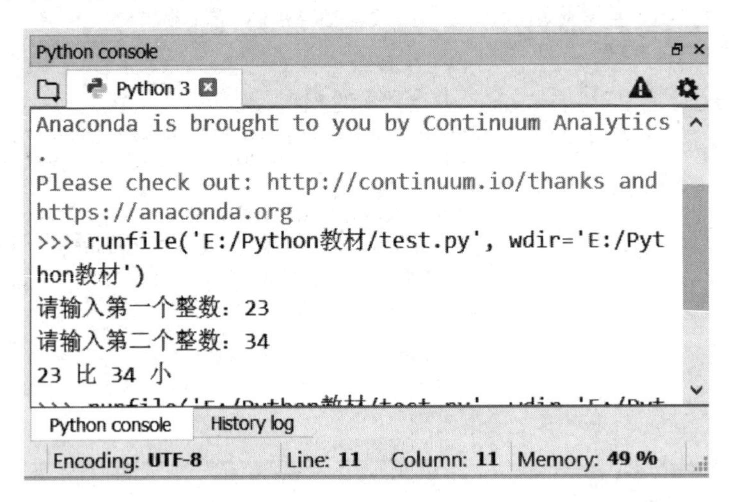

图 1-36　Python console

也可以选择菜单 Consoles|Open an IPython console 打开窗口右上角的 IPython 控制台，如图 1-37 所示。单击 IPython 控制台，再单击工具栏中的“运行”按钮，此时程序在 IPython console 中运行并显示结果。

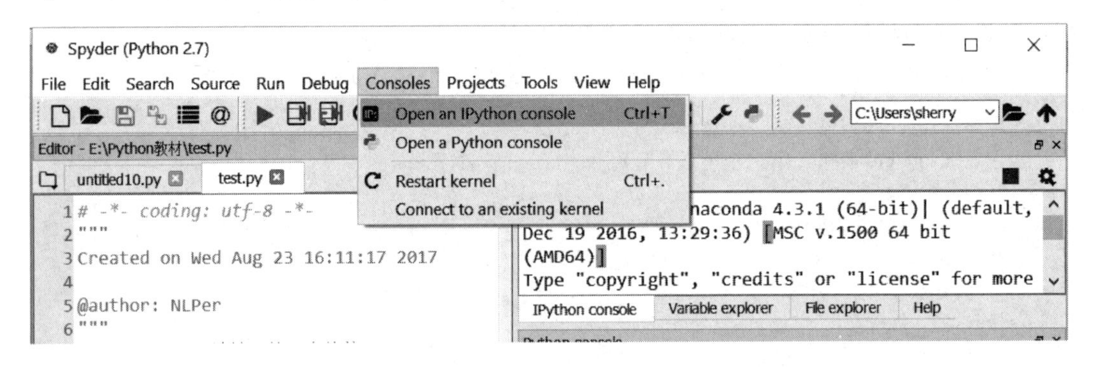

图 1-37　打开 IPython console

1.5　本章小结

Python 是一种高层次的结合了解释型、交互型和面向对象的脚本语言，语言风格简洁，集成了模块、异常处理和类的概念，提供丰富的标准库、扩展库、API 和工具，开发的应用具有很好的可移植性和兼容性。

Python 语言目前已经广泛应用于操作系统管理、科学计算、自然语言处理、Web 编程、图形用户界面开发和多媒体应用等领域。

目前主要使用的 Python 版本是 Python 2 和 Python 3。Python 开发团队同时维护 Python 2. x 和 Python 3. x 两个系列,Python 3. x 的发行时间并不一定晚于 Python 2. x。Python 3 并不考虑向下兼容 Python 2,本章给出了选择 Python 版本的参考原则。

本章还以 Windows 10 和 Python 2. 7 为例,介绍了 Python 的安装和开发环境设置,Python 在不同操作系统平台上的安装和配置过程基本一致。

Python 集成开发环境可以提供 Python 程序开发环境的各种应用程序,能帮助开发者提高效率和减少失误,本章还介绍了 Python 集成开发环境 IDLE 和 Anaconda。

1.6 上机实验

上机实验 1 Python 的安装和使用

【实验目的】 熟悉 Windows 环境下 Python 的安装和使用。

【实验内容及步骤】

1. 下载 Python

(1) 打开 Python 官方网站下载页面 https://www.python.org/ downloads/。

(2) 下载 Python 安装程序 Python 2. 7. 13. msi。

2. 安装 Python

(1) 双击下载的安装文件 Python 2. 7. 13. msi,启动安装界面。

(2) 选择 Install for all users 项,单击 Next 按钮,选择 Python 的安装位置。

(3) 单击 Next 按钮,设置 Python 解释器和类库等安装选项,完成安装。

3. 安装和管理 Python 扩展包

(1) 在 Windows"开始"菜单中选择 Python 2. 7|Python(command line),启动 Python 解释器交互窗口。

(2) 在解释器提示符号">>>"后输入"help('modules')",按 Enter 键后即显示 Python 中已经安装的包名称。

(3) 在 Windows 命令提示符窗口中输入"pip list"查看已经安装的 Python 扩展包名称及其版本。

(4) 在 Windows 命令提示符窗口中,输入命令"python -m pip install -U pip",更新 Python 中的包管理工具 pip。

(5) 在 Windows 命令提示符窗口中,输入命令"python -m pip install NLTK",安装自然语言处理包 NLTK。

4. 在 IDLE 中编辑和运行程序

(1) 在 Windows"开始"菜单中选择 Python 2. 7|IDLE (Python GUI)命令,启动 IDLE。

(2) 在解释器提示符号">>>"后输入"print "Hello Python!" * 3",观察输出的结果。

上机实验 2 Anaconda 的安装和使用

【实验目的】 熟悉 Windows 环境下 Anaconda 的安装和使用。

【实验内容及步骤】

1. 安装 Anaconda

(1) 访问网址 https://mirrors.tuna.tsinghua.edu.cn/anaconda/archive/，下载 Anaconda2-4.3.1-Windows-x86_64.exe(64 位计算机)或 Anaconda2-4.3.1-Windows-x86.exe(32 位计算机)。

(2) 双击安装程序，开始安装。

(3) 在安装过程中，设置安装路径，并将 Anaconda 加入 PATH 环境变量，逐步设置完成安装。

(4) 在 Windows"开始"菜单中选择"Anaconda2"，查看 Anaconda 的主要组件，查看各个组件的主要功能。

2. 在 Anaconda 中创建和管理环境

(1) 单击 Anaconda Navigator 的 Environment 标签，在 Environment 选项卡中单击 Create 按钮。

(2) 为新创建的环境命名为"Python2-test"，在 Pakage 中选择 Python 选项，在 Python version 中选择 2.7，单击 Create 按钮。

(3) 为新创建的环境命名为"Python3-test"，在 Pakage 中选择 Python 选项，在 Python version 中选择 3.6，单击 Create 按钮。

(4) 尝试在两个环境间切换，查看扩展包及其版本的差异。

(5) 在"Python2-test"环境中，选择显示选项 All，在右边的搜索框中输入扩展包名称 gensim，并安装这一扩展包。

3. 在 Spyder 中编写并运行程序

(1) 在 Windows"开始"菜单中选择 Anaconda2|Spyder 选项，启动 Spyder。

(2) 在 Spyder 编辑器中输入如下代码：

```
x = int(input("请输入第一个整数: "))
y = int(input("请输入第二个整数: "))
if(x == y):
    print "两数相同"
elif(x > y):
    print x,"比",y,"大"
else:
    print x,"比",y,"小"
```

(3) 选择菜单 File|Save as 将上述代码以"ex2.py"为文件名保存。

(4) 单击窗口工具栏中的"运行"按钮，运行程序 ex2.py，在 Python console 中输入两个数，观察输出结果。

(5) 尝试将上述代码改写成"输入三个数，比较求出最大的一个，并输出这个最大数"的程序，以"ex3.py"为文件名保存，运行并观察输出结果。

【注意】 在编辑代码的过程中，体会并比较 Spyder 和 IDLE 两个集成开发环境的差别。

习题 1

思考题

1. 简述 Python 语言的主要特点。
2. 简述 Python 语言的应用领域。
3. 简述下载和安装 Python 的主要步骤。
4. 简述 Python 集成开发环境 IDLE 和 Spyder 的区别。
5. 简述 Python 集成开发环境 IDLE 中,运行当前打开的源代码程序的方法。
6. 简述下载和安装 Anaconda Navigator 的主要步骤。

第2章 Python的基础语法

2.1 Python的文件类型

Python的文件类型分为三种，即源代码、字节代码和优化代码。这些文件类型都可以直接运行，不需要进行编译。

1. 源代码

源代码以.py为扩展名，由python来负责解释。

2. 字节代码

源文件经过编译后生成扩展名为.pyc的文件，是Python编译后的字节码(bytecode)文件。这种文件不能使用文本编辑器修改。这个pyc字节码文件，经过Python解释器会生成机器码运行。pyc文件是和平台无关的，可以在大部分操作系统上运行。这一点类似于Java的跨平台，Java中JVM运行的字节码文件。只要运行了py文件，Python编译器就会自动生成一个对应的pyc字节码文件。下次调用就不会调用py文件而是直接调用pyc。直到这个py文件有改变。Python解释器会检查pyc文件中的生成时间，对比py文件的修改时间，如果py更新，那么就生成新的pyc。

3. 优化代码

经过优化的源文件会以.pyo为后缀，即为优化代码，它也不能直接用文本编辑器修改。

2.2 Python的编码规范

2.2.1 命名规则

在Python中在给变量命名时，需要遵循一些规则和惯例。违反这些规则将可能引发错误，这些规则旨在让程序员编写的代码更容易阅读和理解。具体规则如下，请读者务必牢记：

(1) 变量名只能包含字母、数字和下画线。变量名可以字母或下画线开头，但不能以数字开头，例如，可将变量命名为hello_1，但不能将其命名为1_hello。

(2) 变量名不能包含空格，但可使用下画线来分隔其中的单词。例如，变量名say_hello可行，但变量名say hello会引发错误。

(3) 不要将Python关键字和函数名用作变量名，即不要使用Python保留用于特殊用途的单词。

下面是Python 2.7的关键字。这些关键字都有特殊含义，如果将它们用作变量名，将会引发错误：下面 nd、del、from、not、while、as、elif、global、or、with、assert、else、if、pass、yield、break、except、import、print、class、exec、in、raise、continue、finally、is、return、def、for、lambda、try。

下面是 Python 2.7 的内置函数。将内置函数名用作变量名时，不会导致错误，但将覆盖这些函数的行为：abs()、divmod()、input()、open()、staticmethod()、all()、enumerate()、int()、ord()、str()、any()、eval()、isinstance()、pow()、sum()、basestring()、execfile()、issubclass()、print()、super()、bin()、file()、iter()、property()、tuple()、bool()、filter()、len()、range()、type()、bytearray()、float()、list()、raw_input()、unichr()、callable()、format()、locals()、reduce()、unicode()、chr()、frozenset()、long()、reload()、vars()、classmethod()、getattr()、map()、repr()、xrange()、cmp()、globals()、max()、reversed()、zip()、compile()、hasattr()、memoryview()、round()、__import__()、complex()、hash()、min()、set()、apply()、delattr()、help()、next()、setattr()、buffer()、dict()、hex()、object()、slice()、coerce()、dir()、id()、oct()、sorted()、intern()。

(4) 变量名应既简短又具有描述性。例如，test 比 t 好，your_name 比 y_n 好。

(5) 慎用字母 l 和字母 o，因为它们可能会被错看成数字 1 和 0。

2.2.2 代码缩进与冒号

对于 Python 而言，代码缩进是一种语法，Python 没有像其他语言一样采用{}或者 begin…end 分隔代码块，而是采用代码缩进和冒号来区分代码之间的层次。

Python 根据缩进量的不同来判断本行代码与前一行代码的关系。Python 通过这个方式来让代码更容易阅读，进而使整个代码层次分明、结构清晰。这使得读者在阅读较长的 Python 程序时可以比较容易地对程序的组织结构有大致的认识。

缩进的空白数量是可变的，但是所有代码块语句必须包含相同的缩进空白数量。

【例 2-1】

```
if True:
    print("Hello Tom")    #缩进一个制表符(Tab 键)的占位
else:                     #与 if 对齐
    print("Hello Amy")    #缩进一个制表符(Tab 键)的占位
```

Python 对代码的缩进要求非常严格，如果不采用合理的代码缩进，将报告 SyntaxError 异常。

```
if True:
    print("Hello Tom")#缩进一个制表符(Tab 键)的占位
else:
    print("Hello Amy")#缩进一个制表符(Tab 键)的占位
  print("end")#缩进两个空格的占位
```

运行该段代码将会报告异常。错误表明使用的缩进方式不一致，有的是 Tab 键缩进，有的是空格缩进，改为一致即可。

有时候代码采用合理的缩进但是缩进的情况不同，代码的执行结果也不同。有相同的缩进的代码表示这些代码属于同一代码块。

【例 2-2】

```
# -*- coding: UTF-8 -*-
if True:
    print("Hello Tom ")
else:
    print("Hello Amy ")
print("end")
print(" ==================== ")
if True:
    print("Hello Tom ")
else:
    print("Hello Amy ")
    print("end")
```

运行结果：

```
Hello Tom
end
====================
Hello Tom
```

分隔线以上的 print("end")未缩进与 if 对齐，因此它与 if 属于同一代码块，执行完 if 的操作，执行输出。

分隔线以下的 print("end")与 print("Hello Amy ")保持一致的缩进，则它与 print("Hello Amy ")属于 else 之内的代码块。

有时候，程序能够运行而不会报告错误，但结果可能会出乎意料。试图执行多项任务，却忘记缩进其中的一些代码行时，就会出现这种情况。

缩进相同的一组语句构成一个代码块。

关于缩进，一般建议大家每级缩进都使用 4 个空格，这既能保证良好的可读性，又保留了足够的多级缩进空间。在 Word 之类的文档编辑软件中，我们喜欢使用制表符(Tab 键)而不是空格来缩进。对于 Word 来说，这样做是没有问题的，但 Python 解释器会分不清混合使用制表符(Tab 键)和空格。大多数文本编辑器都提供将制表符转换为指定数量的空格的功能，通过设置可以在编写代码时使用制表符键在文档中插入空格而不是制表符。

像 if、while、def 和 class 这样的复合语句，首行以关键字开始，结尾处包含一个冒号(：)，表示该行之后的一行或多行代码构成一个语句块。值得注意的是，一定不要在中文输入法下输入冒号(：)。

2.2.3 使用空行分隔代码

函数之间或类的方法之间可以用空行分隔，表示两段不同部分代码的分隔。类和函数入口之间也用一行空行分隔，表示函数入口的开始。

空行与代码缩进不同，空行并不是 Python 语法的一部分，它只是一种使程序更易读的代码编写习惯。编写 Python 程序时即使不插入空行，Python 解释器运行也不会出错。但是空行的作用在于分隔两段不同功能或含义的代码，便于代码的阅读和日后的维护。

2.2.4 正确的注释

如果想成为一个优秀的程序员，在代码中编写简洁明了的注释是必须要养成的良好习惯。在大多数编程语言中，注释都是一项必不可缺少的功能。程序代码越多、越复杂，就越有必要在其中添加说明，对我们解决问题的方法进行大致的描述。注释可以通过自然语言来对代码加以说明。但通过编写注释，以清晰的自然语言对解决方案进行概述，可节省作者很多时间，在后期进行代码维护时也能够很快查找和解决问题。

#符号常被用作单行注释符号，在代码中使用#时，它右边的任何文字在解释执行的时候都会被忽略，当作是注释。例 2-1 中的“print("Hello Tom") #缩进一个制表符(Tab 键)的占位”#后面的文字就是典型的注释。

Python 中也会用到多行注释符，多行注释可以是用三引号''' '''括起来的内容，也可以每行都用#来注释。

2.2.5 语句的分隔

如果编写的代码很长，一行放不下，该怎么办呢？我们可以使用反斜杠(\)将一行语句分为多行显示，也可以使用圆括号()。

```
a = '1' + '2' + '3' + \
  '4' + '5'
```

或：

```
a = ('1' + '2' + '3' +
  '4' + '5')
```

另外，建议每行最多容纳 79 字符，注释的行长都不超过 72 字符。最初制定这样的指南时，在大多数计算机中，终端窗口每行只能容纳 79 字符。虽然目前主流的显示器每行可容纳的字符数比 79 要多得多，但程序员常常会在同一个屏幕上打开多个程序文件，使用 79 字符的标准行长可以让他们很方便地在显示器上并排打开两三个文件时能同时看到各个文件的完整行。

2.2.6 PEP 8 编码规范

PEP 是 Python Enhancement Proposal 的缩写，中文意思是 Python 增强建议书。PEP 8 向 Python 程序员提供了代码格式设置指南。

PEP 8 英文原版地址为 https://python.org/dev/peps/pep-0008/。

2.3 变量和常量

2.3.1 变量的命名和赋值

变量是指计算机语言中能存储计算结果或能表示值的抽象概念。变量可以通过变量名访问。打个比方来说：变量就好比抽屉，我们可以规定只能在 a 抽屉里放置手机，在 b 抽屉里放置钥匙。我们可以把一部 iPhone X 放到 a 抽屉里，把办公室钥匙放到 b 抽屉里；也可以在需要的时候把一部华为 P10 放到 a 抽屉里，把家门钥匙放到 b 抽屉里。在第一种情况下，a 就是变量的名字，iPhone X 就是变量的值；在第二种情况下，变量 a 的名字没变，但是值已经变成华为 P10 了。

由于变量让用户能够把程序中准备使用的每一段数据都赋给一个简短、易于记忆的名字，因此它们十分有用。变量可以保存程序运行时用户输入的数据、特定运算的结果等。

```
message = "Hello world!"
```

在这里，我们定义了一个名为 message 的变量，并且给它赋值"Hello world!"。

Python 变量的命名规则前面已经讲过了，在这里就不再赘述了。

Python 中的变量赋值不需要类型声明。每个变量在内存中创建，都包括变量的标识、名称和数据这些信息。每个变量在使用前都必须赋值，变量赋值以后该变量才会被创建。当创建一个变量时，会在内存中为其开辟一些空间。基于变量的数据类型，解释器会分配指定内存，并决定什么数据可以存储在内存中。

等号(=)用来给变量赋值。等号(=)运算符左边是一个变量名，等号(=)运算符右边是存储在变量中的值。

Python 允许用户同时为多个变量赋值。例如：

```
a = b = c = 1
```

三个变量的值均为 1，三个变量被分配到相同的内存空间上。

我们也可以为多个对象指定多个变量。例如：

```
a, b, c = 1, 2, "tom"
```

1 和 2 分配给变量 a 和 b，"tom"分配给变量 c。

2.3.2 局部变量和全局变量

全局变量与局部变量的本质区别就在于作用域。通俗地说，全局变量是在整个 py 文件中声明，全局范围内都可以访问。局部变量是在某个函数中声明的，只能在该函数中调用它，如果试图在超出范围的地方调用，程序就会报错。

如果在函数内部定义与某个全局变量一样名称的局部变量，就可能会导致意外的结果，因此不建议这样做，这样会使得程序有很多隐患。

我们通过如下三个例子来理解全局变量和局部变量的区别。

【例 2-3】

```
# -*- coding: UTF-8 -*-
def test(x):
    y = 2
    print "x * y 的乘积是", x * y
num1 = 1
print "num1 = ", num1
test(num1)
print "y 的值是: ", y
```

运行结果如下：

```
num1 =  1
x * y 的乘积是 2
y 的值是:
---------------------------------------------------------------------------
NameError                                 Traceback (most recent call last)
<ipython-input-8-3fe638d71429> in <module>()
      6 print "num1 = ",num1
      7 test(num1)
----> 8 print"y 的值是: ",y

NameError: name 'y' is not defined
```

程序报错，报错的原因是因为试图访问局部变量，但是访问的地方不在该变量 y 的作用域中。

【例 2-4】

```
# -*- coding: UTF-8 -*-
def test():
    num1 = 2
    print "函数内 num1 = ",num1
num1 = 1
print "num1 初始值 = ",num1
test()
print "函数运行后 num1 = ",num1
```

运行结果如下：

```
num1 初始值 =  1
函数内 num1 =  2
函数运行后 num1 =  1
```

可以看到在函数内部对全局变量修改后，在函数执行完毕，修改的结果是无效的，全局变量并不会受到影响。

【例 2-5】

```
# -*- coding: UTF-8 -*-
def test():
      num1 *= 2
      print "函数内 num1 = ",num1
num1 = 1
print "num1 初始值 = ",num1
test()
print "函数运行后的 num1 = ",num1
```

运行结果如下：

```
num1 初始值 =  1
---------------------------------------------------------------------------
UnboundLocalError                         Traceback (most recent call last)
<ipython-input-14-2491131bf86e> in <module>()
```

```
      5 num1 = 1
      6 print "num1 初始值 = ",num1
----> 7 test()
      8 print "函数运行后的 num1 = ",num1

< ipython - input - 14 - 2491131bf86e > in test()
      1
      2 def test():
----> 3     num1 * = 2
      4     print "函数内 num1 = ",num1
      5 num1 = 1

UnboundLocalError: local variable 'num1' referenced before assignment
```

程序报错，因为在 test()函数中使用了局部变量 num1，它只是个与全局变量同名的局部变量，使用前还是要赋值，因此再次强调不要这样使用。

2.3.3 常量

常量是指一旦初始化后就不能修改的固定值。比如数字 8 和字符串"hello"在运行时一直都是数字 8 和字符串"hello"，不会发生变化。

2.4 数据类型

在这里，我们先简单了解一下 Python 提供的基本数据类型，后面的各个章节中会详细介绍。Python 的数据类型主要有布尔类型、整型、浮点型、字符串、列表、元组、集合、字典等。

1. 布尔类型(boolean)

布尔值只有 True、False 两个值，只能是 True 或者 False。

2. 整型(int)

Python 对整数的处理分为普通整数和长整数，普通整数长度为机器位长，通常都是 32 位，超过这个范围的整数就自动当长整数处理，而长整数的范围几乎完全没有限制。

在 Python 程序中的表示方法和日常中的写法是相同的，例如 1，42，－1234，0，等等。在 Python 中，可对整数执行加(＋)、减(－)、乘(＊)、除(/)运算。

Python 跟数学中一样支持运算次序，我们可在同一个算式中使用加减乘除等多种运算，也可以使用括号来改变运算次序。

在 Python 中，可对整数执行加(＋)、减(－)、乘(＊)、除(/)运算。

```
>>> 4 + 3
7
>>> 4 - 3
1
>>> 4 * 3
12
>>> 4/ 2
2
```

在终端会话中，Python 直接返回运算结果。Python 使用两个乘号表示乘方运算：

```
>>> 2 ** 2
4
>>> 2 ** 3
8
>>> 10 ** 7
10000000
```

Python 还支持运算次序，因此我们可在同一个表达式中使用多种运算，还可以使用括号来修改运算次序，让 Python 按我们指定的次序执行运算，如下所示：

```
>>> 2 + 3 * 3
11
>>> (2 + 3) * 3
15
```

3. 浮点型(float)

Python 的浮点数就是数学中的小数。浮点数的位数是可以变的，如 68.2 / (10 ** 6) 和 6.82 / (10 ** 5)相等。对于很小或很大的数可以用科学记数法，如 6.82e－09。整数和浮点数在计算机内部存储的方式是不同的，整数运算永远是精确的，而浮点数运算则可能会有四舍五入的误差。

```
>>> 12.1 / (10 ** 8)
1.2099999999999998e - 07
```

需要注意的是，在 Python 2 中将两个整数相除得到的结果稍有不同：

```
>>> python
>>> 3 / 2
1
```

Python 返回的结果为 1，而不是 1.5。在 Python 2 中，整数除法的结果只包含整数部分，小数部分被删除。请注意，计算整数结果时，采取的方式不是四舍五入，而是将小数部分直接删除。

在 Python 2 中，若要避免这种情况，务必确保至少有一个操作数为浮点数，这样结果也将为浮点数：

```
>>> 3 / 2
1
>>> 3.0 / 2
1.5
>>> 3 / 2.0
1.5
>>> 3.0 / 2.0
1.5
```

4. 字符串(string)

Python 字符串既可以用单引号也可以用双引号括起来。

【例 2-6】

```
# -*- coding: UTF-8 -*-
string = "这是一个字符串"
print string
```

运行结果：

```
这是一个字符串
```

【例 2-7】

```
# -*- coding: UTF-8 -*-
string = '这是一个字符串'
print string
```

运行结果：

```
这是一个字符串
```

【例 2-8】

```
# -*- coding: UTF-8 -*-
string = "i'm happy."
print string
```

运行结果：

```
i'm happy.
```

如果字符串中有单引号，可以用双引号将字符串括起来。

【例 2-9】

```
# -*- coding: UTF-8 -*-
string = 'He says:"I am happy."'
print string
```

运行结果：

```
He says:"I am happy."
```

如果字符串中有双引号，可以用单引号将字符串括起来。

5. 列表(list)

用符号[ ]表示列表，中间的元素可以是任何类型。

6. 元组(tuple)

Python 的元组与列表类似，不同之处在于元组的元素不能修改。

7. 集合(set)

集合是无序的，不重复的元素集类似数学中的集合，可进行逻辑运算和算术运算。

8. 字典(dict)

字典是一种无序存储结构，包括关键字(key)和关键字对应的值(value)。

2.5 运 算 符

2.5.1 算术运算符

假设表 2-1 中的变量 a=2,b=4。

表 2-1 算术运算符

运算符	描 述	实 例
+	加——两个对象相加	a + b 输出结果 6
-	减——得到负数或是一个数减去另一个数	a -b 输出结果 -2
*	乘——两个数相乘或是返回一个被重复若干次的字符串	a * b 输出结果 8
/	除—— x 除以 y	b / a 输出结果 2
%	取模——返回除法的余数	b % a 输出结果 0
**	幂——返回 x 的 y 次幂	a ** b 为 2 的 4 次方,输出结果 16
//	取整除——返回商的整数部分	3//2 输出结果 1

【例 2-10】

```
# -*- coding: UTF-8 -*-

a = 2
b = 4
c = a + b
print "c 的值为: ", c

c = a - b
print "c 的值为: ", c

c = a * b
print "c 的值为: ", c

c = a / b
print "c 的值为: ", c

c = a % b
print "c 的值为: ", c

# 修改变量 a 、b 、c
a = 2
b = 4
c = a ** b
print "c 的值为: ", c

a = 4
b = 3
c = a//b
print "c 的值为: ", c
```

运算结果：

```
c 的值为: 6
c 的值为: -2
c 的值为: 8
c 的值为: 0
c 的值为: 2
c 的值为: 16
c 的值为: 1
```

2.5.2 关系运算符

关系运算符也叫比较运算符，它的作用是比较它两边的值，并确定它们之间的关系。假设表 2-2 中变量 a 的值是 1，变量 b 的值是 2。

表 2-2 关系运算符

运算符	描　述	示　例
==	如果两个操作数的值相等，则条件为真	(a == b)求值结果为 false
!=	如果两个操作数的值不相等，则条件为真	(a != b)求值结果为 true
>	如果左操作数的值大于右操作数的值，则条件成为真	(a > b)求值结果为 false
<	如果左操作数的值小于右操作数的值，则条件成为真	(a < b)求值结果为 true
>=	如果左操作数的值大于或等于右操作数的值，则条件成为真	(a >= b)求值结果为 false
<=	如果左操作数的值小于或等于右操作数的值，则条件成为真	(a <= b)求值结果为 true

【例 2-11】

```
# -*- coding: UTF-8 -*-

a = 1
b = 2

if ( a == b ):
   print " a 等于 b"
else:
   print " a 不等于 b"

if ( a != b ):
   print " a 不等于 b"
else:
   print " a 等于 b"

if ( a < b ):
   print " a 小于 b"
else:
   print " a 大于等于 b"

if ( a > b ):
   print " a 大于 b"
else:
```

```
    print " a 小于等于 b"

if ( a <= b ):
    print " a 小于等于 b"
else:
    print " a 大于 b"

if ( b >= a ):
    print " b 大于等于 a"
else:
    print " b 小于 a"
```

运行结果:

```
a 不等于 b
a 不等于 b
a 小于 b
a 小于等于 b
a 小于等于 b
b 大于等于 a
```

2.5.3 逻辑运算符

假设表 2-3 中变量 a 为 true，b 为 false。

表 2-3 逻辑运算符

运算符	逻辑表达式	描　述	实　例
and	x and y	布尔"与"——如果 x 为 false，x and y 返回 false，否则它返回 y 的计算值	(a and b)的结果为 false
or	x or y	布尔"或"——如果 x 是非 0，它返回 x 的值，否则它返回 y 的计算值	(a or b)的结果为 true
not	not x	布尔"非"——如果 x 为 true，返回 false 。如果 x 为 false，它返回 true	not(a and b)的结果为 true

【例 2-12】

```
# -*- coding: UTF-8 -*-

a = true
b = false

if ( a and b ):

    print "1、变量 a 和 b 都为 true"
else:
    print "1、变量 a 和 b 有一个不为 true"

print "(a and b) = ", (a and b)

if ( a or b ):
```

```
    print "2、变量 a 和 b 都为 true,或其中一个变量为 true"
else:
    print "2、变量 a 和 b 都不为 true"

print "(a or b) = ", (a or b)

if not( a and b ):
    print "3、变量 a 和 b 都为 false,或其中一个变量为 false"
else:
    print "3、变量 a 和 b 都为 true"

print "not(a and b) = ", not(a and b)
```

运行结果：

```
1、变量 a 和 b 有一个不为 true
(a and b) =  False
2、变量 a 和 b 都为 true,或其中一个变量为 true
(a or b) =  True
3、变量 a 和 b 都为 false,或其中一个变量为 false
not(a and b) =  True
```

2.6 本章小结

本章首先介绍了 Python 的文件类型，然后着重讲解了 Python 的编码规范，希望大家要重视编码规范，养成良好的代码编写习惯。在本章中，我们还学到了关于变量和常量的概念，变量是编程语言中最基本也是最核心的概念之一。通过对数据类型和运算符的学习，我们不但了解了 Python 能处理哪些形式的数据，而且知道了可以使用什么样的运算符来处理这些数据。

2.7 上机实验

上机实验 1 代码缩进

【实验目的】 练习代码缩进。

【实验内容及步骤】

(1) 将本章中例 2-2 的代码输入到 Python 编辑器。

(2) 执行，查看结果是否与例 2-2 的结果一致。如不一致，根据报错信息试着查找原因。

上机实验 2 添加注释

【实验目的】 养成给代码添加注释的习惯。

【实验内容及步骤】

给上机实验 1 中的代码加上注释。

上机实验 3　关系运算符

【实验目的】 练习关系运算符。

【实验内容及步骤】

(1) 将本章中例 2-11 的代码输入到 Python 编辑器。

(2) 执行，查看结果是否与例 2-11 结果一致。如不一致，根据报错信息试着查找原因。

习题 2

一、单项选择题

1. Python 的源代码文件的扩展名是(　　)。

A. pya　　B. pyc　　C. pyo　　D. py

2. 关于缩进，一般推荐的缩进量是(　　)。

A. 1 个空格　　B. 2 个空格　　C. 3 个空格　　D. 4 个空格

3. 在 Python 2 中 3/2 的结果是(　　)。

A. 1.5　　B. 1　　C. 报错　　D. 2

4. 下列变量名中正确的是(　　)。

A. hello 1　　B. 1 hello　　C. 1_hello　　D. hello_1

5. 下列可以用作变量名的是(　　)。

A. from　　B. 1 hello　　C. test　　D. for

6. 用来给变量赋值的符号是(　　)。

A. +　　B. =　　C. >　　D. ==

7. 下列不是 Python 数据类型的是(　　)。

A. 整型　　B. 浮点型　　C. 字符　　D. 列表

8. >>> (2+ 6) * 8 的运行结果是(　　)。

A. 50　　B. 64　　C. 20　　D. 0

9. 算术运算符 ** 是指(　　)。

A. 乘以 2　　B. 幂　　C. 平方　　D. 错误符号

10. Python 程序员通常遵循的代码格式设置指南是(　　)。

A. PEP 12　　B. 无　　C. CSS　　D. PEP 8

11. a, b, c = hello, 3, "tom",b 的值是(　　)。

A. e　　B. hello　　C. 3　　D. 空

12. 下面这段代码执行的结果是(　　)。

```
a = 1
b = 2
if ( a != b ):
    print " a 不等于 b"
else:
    print " a 等于 b"
```

A. 1　　B. 2　　C. a 等于 b　　D. a 不等于 b

13. 如果变量 a 和 b 有一个不为 true,那么(a and b)的值为(　　)。

A. 1　　B. 2　　C. false　　D. true

14. 假设变量 a=3,b=6,那么 b%a 的值为(　　)。

A. 0.5　　B. 1　　C. 0　　D. 2

15. Python 采用(　　)来区分代码之间的层次。

A. { }　　B. begin…end

C. [ ]　　D. 代码缩进和冒号

16. 全局变量与局部变量两者的本质区别就在于(　　)。

A. 命名规则　　B. 作用域　　C. 使用方法　　D. 数据类型

17. 用来注释的符号是(　　)。

A. “”　　B. *　　C. #　　D. ≪ ≫

18. 用来分隔语句,实现多行显示的符号是(　　)。

A. +　　B. \　　C. >　　D. ==

19. 变量名中不能出现的符号是(　　)。

A. 字母　　B. 数字　　C. 下画线　　D. +

20. 注释的行长一般都不超过(　　)字符。

A. 80　　B. 72　　C. 79　　D. 100

21. Python 建议每行最多容纳(　　)字符。

A. 80　　B. 72　　C. 79　　D. 100

二、多项选择题

1. 变量名只能包含(　　)。

A. 字母　　B. 数字　　C. 短横线　　D. 下画线

2. Python 字符串可以用(　　)括起来。

A. 方括号　　B. 单引号　　C. 双引号　　D. 小括号

3. 逻辑运算符有(　　)。

A. and　　B. or　　C. for　　D. not

4. 不能将(　　)和(　　)用作变量名。

A. 函数名　　B. 英文单词　　C. 关键字　　D. 拼音

5. 布尔类型的值有(　　)。

A. Y　　B. N　　C. false　　D. true

三、判断题

1. 如果我们定义了一个名为 message 的变量,由于拼写错误,变量名将会报错。(　　)

2. 整数运算永远是精确的,而浮点数运算则可能会有四舍五入的误差。(　　)

3. Python 字符串是用双引号括起来的一串字符。(　　)

4. 多行注释只能用三引号。(　　)

5．变量名不能包含空格和下画线。（ ）

6．a = b = c = 18，三个变量被分配到相同的内存空间上。（ ）

7．==是算术运算符。（ ）

8．≥是关系运算符。（ ）

9．每级缩进都只能使用四个空格。（ ）

10．不遵循 PEP 8 编码规范的代码在执行时会报错。（ ）

第3章 列表和元组

列表和元组是 Python 中最常用的两种序列结构，除此之外，Python 中常用的序列结构还有字典、字符串、集合等。列表和元组的主要区别在于，列表可以修改，元组则不能。如果要根据要求来添加元素，那么更适合使用列表；而出于某些原因，序列不能修改的时候，使用元组则更为合适。一般来说，在几乎所有的情况下列表都可以代替元组。

3.1 序列简介

序列是程序设计中经常用到的数据存储方式，几乎每一种程序设计语言都提供了类似的数据结构，简单地说，序列是一块用来存放多个值的连续内存空间。一般而言，在实际开发中同一个序列中的元素通常是相关的。Python 提供的序列类型可以说是所有程序设计语言类似数据结构中最灵活的，也是功能最强大的。

除了字典和集合属于无序序列之外，列表、元组和字符串等序列类型均支持双向索引，如果使用正向索引，第一个元素下标为 0，第二个元素下标为 1，以此类推；如果使用负向索引，则最后一个元素下标为－1，倒数第二个元素下标为－2，以此类推，如图 3-1 所示。可以使用负整数作为序列索引是 Python 语言的一大特色，熟练掌握和运用可以大幅度提高开发效率。

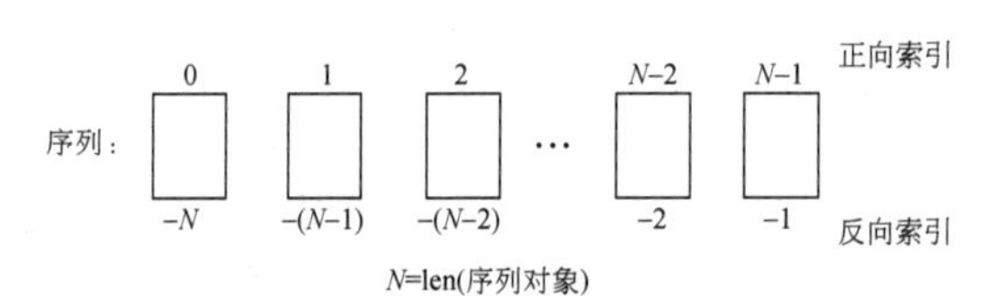

图 3-1　序列的索引下标示意图

所有序列类型都可以进行以下操作：索引(indexing)、切片(slicing)、加(adding)、乘(multiplying)以及检查某个元素是否属于序列的成员(成员资格)。除此之外，Python 还有计算序列长度、找出最大元素和最小元素的内置函数。

3.1.1 索引

序列对象定义了一个特殊方法__getitem__()，可通过整数下标访问序列的元素。

```
s[i]        #访问序列 s 在索引 i 处的元素
```

序列中的所有元素都是有编号的，这些元素可以分别通过编号访问，如下例所示：

```
>>> greeting = 'Hello'        # 字符串是一个由字符组成的序列
>>> greeting[0]               # 索引 0 指向第 1 个元素
'H'
```

所有序列都可以通过这种方式进行索引、获取元素，使用负向索引时，Python 会从右边，也就是从最后一个元素开始计数，而最后一个元素的位置编号是－1，例如：

```
>>> greeting[ - 1]
'o'
```

【例 3-1】 序列的索引访问示例。

```
>>> s = 'abcdef'   # 字符串序列
>>> s[0]
'a'
>>> s[2]
'c'
>>> s[ - 1]
'f'
>>> s[ - 3]
'd'
>>> t = ('a', 'e', 'i', 'o', 'u')   # 元组序列
>>> t[0]
'a'
>>> t[1]
'e'
>>> t[ - 1]
'u'
>>> t[ - 5]
'a'
>>> lst = [1, 2, 3, 4, 5]   # 列表序列
>>> lst[0]
1
>>> lst
[1, 2, 3, 4, 5]
>>> lst[2] = 'a'
>>> lst[ - 2] = 'b'
>>> lst
[1, 2, 'a', 'b', 5]
```

如果索引越界，则导致 IndexError；如果 i 不是整数，则导致 TypeError。例如：

```
>>> s = 'abc'
>>> s['a']                  # TypeError: string indices must be integers
>>> s[3]                    # IndexError: string index out of range
```

3.1.2 切片

切片使用 2 个冒号分隔的 3 个数字来完成：第一个数字表示切片开始位置(默认为 0)，第二个数字表示切片截止(但不包含)位置(默认为列表长度)，第三个数字表示切片的步长(默认为 1)，当步长省略时可以顺便省略最后一个冒号。可以使用切片来截取列表中的任何部分，得到一个新列表，也可以通过切片来修改和删除列表中的部分元素，甚至可以通过切片操作为列表对象增加元素。切片的基本形式为：

s[i:j]或者 **s[i:j:k]**

其中，i 为开始下标(包含 s[i])，j 为结束下标(不包含 s[j])，k 为步长。如果省略 i，则访问范围从下标 0 开始；如果省略 j，则访问范围直到结束为止；如果省略 k，则步长为 1。

切片操作对于提取序列的一部分是很有用的，而编号在这里显得尤为重要。第 1 个索引是需要提取部分的第 1 个元素的编号，而最后的索引则是切片之后剩下部分的第 1 个元素的编号，例如：

```
>>> numbers = [1, 2, 3, 4, 5, 6, 7, 8, 9, 10]
>>> numbers[3:6]
```

```
[4, 5, 6]
>>> numbers[0:1]
[1]
```


简而言之，切片操作的实现需要提供两个索引作为边界，第 1 个索引的元素是包含在切片内的，但是第 2 个索引的元素不包含在切片中，如图 3-2 所示。

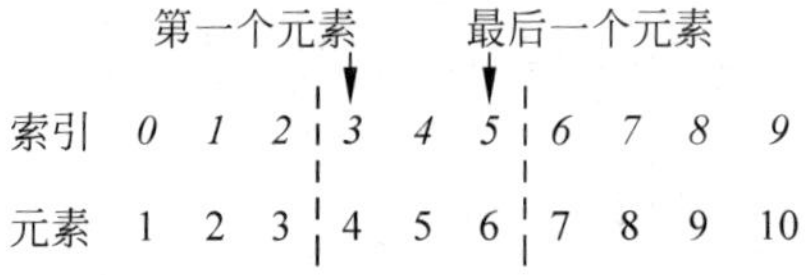

第一个元素　　最后一个元素

索引	*0*	*1*	*2*	*3*	*4*	*5*	*6*	*7*	*8*	*9*
元素	1	2	3	4	5	6	7	8	9	10

图 3-2　切片操作示例

1. 切片范围的控制

假设需要访问最后 3 个元素，那么可以进行如下操作：

```
>>> numbers[7:10]
[8, 9, 10]
```

现在，索引 10 指向的是第 11 个元素，而这个元素并不存在，同时也不包含在切片中。如果需要从列表的结尾开始计数，例如：

```
>>> numbers[ - 3: - 1]
[8, 9]
```

最后一个元素因为不包含在切片中而没有被访问。

```
>>> numbers[ - 3: - 5]
[ ]
```

如果切片中最左边的索引比它右边的晚出现在序列中，结果就是一个空的序列。如果切片所得部分包括序列结尾的元素，那么只需空置最后一个索引即可：

```
>>> numbers[ - 3:]
[8, 9, 10]
```

这种方法同样适用于包括序列开始的元素：

```
>>> numbers[:3]
[1, 2, 3]
```

如果需要复制整个序列，可以将两个索引都空置：

```
>>> numbers[:]
[1, 2, 3, 4, 5, 6, 7, 8, 9, 10]
```

2. 变化的步长

进行切片的时候，切片的开始和结束点需要进行指定(不管是直接还是间接)。而另外一个参数——步长，通常都是隐式设置的。在普通的切片中，步长是 1，切片操作按照这个步长逐个遍历序列的元素，然后返回开始和结束点之间的所有元素：

```
>>> numbers[0:10:1]
[1, 2, 3, 4, 5, 6, 7, 8, 9, 10]
```

在这个例子中，切片包含了另外一个数字，就是步长的显示设置。如果步长被设置为比1大的数，那么就会跳过某些元素。例如，步长为2的切片包括的是从开始到结束每隔1个的元素。

```
>>> numbers[0:10:2]
[1, 3, 5, 7, 9]
>>> numbers[3:6:3]
[4]
```

如果要将每4个元素中的第1个提取出来，那么只要将步长设置为4即可：

```
>>> numbers[::4]
[1, 5, 9]
```

当然，步长不能为0，但是步长可以是负数，即从右到左提取元素：

```
>>> numbers[8:3:-1]
[9, 8, 7, 6, 5]
>>> numbers[10:0:-2]
[10, 8, 6, 4, 2]
>>> numbers[::-2]
[10, 8, 6, 4, 2]
>>> numbers[7::-2]
[8, 6, 4, 2]
>>> numbers[:7:-2]
[10]
```

【注意】 开始点的元素（最左边元素）包含在结果之中，而结束点的元素（最后边的元素）则不在切片之内。当使用一个负数作为步长时，必须让开始点（开始索引）大于结束点。在没有明确指定开始点和结束点的时候，正负数的使用可能会带来一些混淆。不过在这种情况下，Python会进行正确的操作：对于一个正数步长，Python会从序列的头部开始向右提取元素，直到最后一个元素，而对于负数步长，则是从序列的尾部开始向左提取元素，直到第1个元素。

【例 3-2】 序列的切片操作示例。

```
>>> s = 'abcdef'
>>> s[1:3]
'bc'
>>> s[3:10]
'def'
>>> s[8:2]
''
>>> s[:]
'abcdef'
>>> s[::2]
'ace'
>>> s[::-1]
'fedcba'
>>> t = ('a', 'e', 'i', 'o', 'u')
>>> t = [-2:-1]
('o',)
>>> t[-2:]
('o', 'u')
>>> t[-99:-3]
('a', 'e')
>>> t[::]
('a', 'e', 'i', 'o', 'u')
>>> t[1:-1]
('e', 'i', 'o')
>>> t[1::2]
('e', 'o')
>>> lst = [1, 2, 3, 4, 5]
>>> lst[:2]
[1, 2]
>>> lst[:1] = [ ]
```

```
>>> lst
[2, 3, 4, 5]
>>> lst[:2]
[2, 3]
>>> lst[:2] = 'a'
>>> lst[1:] = 'b'
>>> lst
['a', 'b']
>>> del lst[:1]
>>> lst
'b'
```

3.1.3 序列相加

通过连接操作符+，可以连接两个序列(s1 和 s2)，形成一个新的序列对象：

```
s1 + s2
```

连接操作符也支持复合赋值运算，即+=。

【例 3-3】 序列的连接操作示例。

```
>>> lst1 = [1, 2]
>>> lst2 = ['a', 'b']
>>> lst1 + lst2
[1, 2, 'a', 'b']
>>> lst1 + = lst2
>>> lst1
[1, 2, 'a', 'b']
>>> s1 = 'abc'
>>> s2 = 'xyz'
>>> s1 + s2
'abcxyz'
>>> s1 += s2
>>> s1
'abcxyz'
>>> t1 = (1, 2)
>>> t2 = ('a', 'b')
>>> t1 + t2
(1, 2, 'a', 'b')
>>> t1 += t2
>>> t1
(1, 2, 'a', 'b')
```

【注意】 两个相同类型的序列才能进行连接操作。

```
>>> [1, 2, 3] + [4, 5, 6]
[1, 2, 3, 4, 5, 6]
>>> 'Hello ' + 'world! '
'Hello world! '
>>> [1, 2, 3] + 'world! '
Traceback (innermost last):
  File "<pyshell#2>". line 1. In ?
[1, 2, 3] + 'world! '
TypeError: can only concatenate list (not "string") to list
```

正如错误信息所提示的，列表和字符串是无法连接在一起的，尽管它们都是序列。

3.1.4 序列重复

通过重复操作符 *，可以重复一个序列 n 次，基本形式为：

s * n或者**n * s**

重复操作符也支持复合赋值运算，即 *=。

【例 3-4】 重复操作示例。

```
>>> lst1 = [1, 2]
>>> lst2 = ['a', 'b']
>>> 2 * lst1
[1, 2, 1, 2]
>>> lst2 * = 2
>>> lst2
['a', 'b', 'a', 'b']
>>> s1 = 'abc'
>>> s2 = 'xyz'
>>> s1 * 3
'abcabcabc'
>>> s2 * = 2
'xyzxyz'
>>> t1 = (1, 2)
>>> t2 = ('a', 'b')
>>> t1 * 2
(1, 2, 1, 2)
>>> t2 * = 2
>>> t2
('a', 'b', 'a', 'b')
>>> 'python' * 3
'pythonpythonpython'
>>> [1] * 10
[1, 1, 1, 1, 1, 1, 1, 1, 1, 1]
```

空列表可以简单地通过([ ])进行标识,如果想创建一个占用10个元素空间的列表,可以像前面这样使用[1] * 10;如果需要一个没有放置任何元素的列表,此时需要使用None。None是一个Python的内置值,它的确切含义是"这里什么都没有"。因此,如果想初始化一个长度为10的列表,可以按照下面的例子来实现:

```
>>> sequence = [None] * 10
>>> sequence
[None, None, None, None, None, None, None, None, None, None]
```

3.1.5 成员资格

检查一个元素是否存在于序列中即为成员资格判断,可以通过下列方式之一进行判断:

```
x in s
x not in s
s.count(x)
s.index(x[ , i[ , j]])
```

其中,指定范围[i, j),从下标i(包括,默认为0)开始,到下标j结束(不包括,默认为len(s))。

对于s. index(value, [start, [stop]])方法,如果找不到,则导致ValueError。例如:

```
>>> 'To be or not to be, this is a question'. index('123')      # ValueError: substring not found
```

【例3-5】 序列中元素的成员资格判断示例。

```
>>> lst = [1, 2, 3, 2]
>>> 1 in lst
True
>>> 2 not in lst
False
>>> lst.count(1)
1
>>> lst.index(2)
1
>>> lst.index(3)
2
>>> s = 'good'
>>> 'o' in s
True
>>> 'g' not in s
False
>>> s.index('o', 2)
2
>>> t = ('r', 'g', 'b')
>>> 'r' in t
True
>>> 'y' not in t
True
>>> t.count('r')
1
>>> t.index('g')
1
```

【例 3-6】 使用 in 运算符进行成员资格判断示例。

```
>>> greeting = 'Hello world! '
>>> 'w' in greeting
True
>>> 'a' in greeting
False
>>> users = ['Lucy', 'Sam', 'John']
>>> raw_input('Enter your user name: ') in users
Enter your user name: Lucy
True
>>> sentence = '$ $ $ Get up now!!! $ $ $'
'$ $ $' in sentence
True
```

本例中首先使用了成员资格测试分别来检查'w'和'a'是否出现在字符串 greeting 中，接下来则是检查所提供的用户名 Lucy 是否在用户列表中，最后检查字符串 sentence 是否包含字符串'$ $ $'，这段程序可以作为垃圾邮件过滤器的一部分，执行某些安全策略。

3.1.6 序列比较

序列支持比较运算符(<、<=、==、!=、>=、>)，比较运算按照顺序逐个元素进行比较，运算结果是 True 或 False，表 3-1 为序列比较运算符举例。

表 3-1 序列比较运算符举例

运　算	意义描述	运　算	意义描述
a < b	小于	a >= b	大于或等于
a <= b	小于或等于	a == b	等于
a > b	大于	a != b	不等于

【例 3-7】 序列的比较运算示例。

```
>>> s1 = ['a', 'b']
>>> s2 = ['a', 'b']
>>> s3 = ['a', 'b', 'c']
>>> s4 = ['c', 'b', 'a']
>>> s1 < s2
False
>>> s1 <= s2
True
>>> s1 == s2
True
>>> s1 != s3
True
>>> s1 >= s3
False
>>> s4 > s3
True
>>> s1 = 'abc'
>>> s2 = 'abc'
>>> s3 = 'abcd'
>>> s4 = 'cba'
>>> s1 > s4
False
>>> s2 <= s3
True
>>> s1 == s2
True
>>> s1 != s3
True
>>> 'a' > 'A'
True
>>> 'a' >= ''
True
>>> t1 = (1, 2)
>>> t2 = (1, 2)
>>> t3 = (1, 2, 3)
>>> t4 = (2, 1)
```

```
>>> t1 < t4
True
>>> t1 <=  t2
True
>>> t1  ==  t3
False
>>> t1 !=  t2
False
>>> t1 >=  t3
False
>>> t4 > t3
True
```

3.1.7 序列排序

通过内置函数 sorted()，可以返回序列的排序列表。

```
sorted(iterable, key = None, reverse = False)   #返回序列的排序列表
```

其中，key 是用于计算比较键值的函数(带 1 个参数)，例如，key=str.lower；reverse 是排序规则，reverse=False 为升序(默认)，reverse=True 则是降序。

【例 3-8】 序列的排序操作示例。

```
>>> s1 = 'acb'
>>> sorted(s1)
['a', 'b', 'c']
>>> s2 = (1, 5, 3)
>>> sorted(s2)
[1, 3, 5]
>>> sorted(s2, reverse = True)
[5, 3, 1]
>>> s3 = 'abAC'
>>> sorted(s3, key = str.lower)
['a', 'A', 'b', 'C']
```

3.1.8 长度、最小值和最大值

内置函数 len()、min()和 max()分别返回序列中所包含元素的数量、序列中最大和最小的元素，内置函数 sum()可获取列表或元组各元素之和；如果有非数值元素，则导致 TypeError；对于字符串(str)和字节数据(bytes)，也将导致 TypeError。例如：

```
>>> s1 = (1, 2, 3, 4)
>>> sum(s)          #输出 10
>>> s2 = (1, 'a', 2)
>>> sum(s2)         #TypeError: unsupported operand type(s) for + : 'int' and 'str'
>>> s3 = '1234'
>>> sum(s3)         #TypeError: unsupported operand type(s) for + : 'int' and 'str'
```

【例 3-9】 序列的长度、最大值、最小值操作示例。

```
>>> s1 = [1, 2, 3]
>>> len(s1)
3
>>> max(s1)
3
>>> min(s1)
1
>>> s2 = ''
>>> len(s2)
0
>>> t1 = (10, 2, 3)
>>> len(t1)
3
>>> max(t1)
10
>>> min(t1)
2
>>> t2 = ()
>>> len(t2)
0
>>> lst1 = [1, 2, 9, 5, 4]
>>> len(lst1)
5
>>> max(lst1)
```

```
9
>>> min(lst1)
1
>>> lst2 = [ ]
>>> len(lst2)
0
>>> max(3, 30)
30
>>> min(5, 3, 7, 9)
3
```

3.2 列　　表

列表是 Python 的内置可变列表，是包含若干元素的有序连续内存空间。在形式上，列表的所有元素放在一对方括号"["和"]"中，相邻元素之间使用逗号分隔开。当列表增加或删除元素时，列表对象自动进行内存的扩展或收缩，从而保证元素之间没有缝隙。Python 列表内存的自动管理可以大幅度减少程序员的负担，但列表的这个特点会涉及列表中大量元素的移动，效率较低，并且对于某些操作可能会导致意外的错误结果。因此，尽量从列表尾部进行元素的增加或删除操作，这会大幅度提高列表处理速度。

列表(List)是一组有序存储的数据，例如，饭店点餐的菜单就是一种列表。列表具有如下特性：

(1) 与变量一样，每个列表都有一个唯一标识它的名称。

(2) 每个列表元素都有索引和值两个属性，索引是一个从 0 开始的整数，用于标识元素在列表中的位置，值就是对应位置的元素的值。

同一个列表中元素的类型可以不相同，可以同时包含整数、实数、字符串等基本类型，也可以是列表、元组、字典以及其他自定义类型的对象。例如

```
[1, 2, 3, 4, 5]
['Monday', 'Tuesday', 'Wednesday', 'Thursday', 'Friday']
['spam', 1.0, 6, [10, 20]]
[['Tom', 10, 3], ['Mary', 8, 1]]
```

都是合法的列表对象。

对于 Python 序列而言，有很多方法是通用的，而不同类型的序列又有一些特有的方法。列表对象常用方法如表 3-2 所示，假设表中的示例基于 s=[1, 3, 2]。除此之外，Python 的很多内置函数和命令也可以对列表和其他序列对象进行操作，后面将逐步进行介绍。

表 3-2　列表对象常用方法

方　法	说　明	示　例
s.append(x)	将元素 x 添加至列表尾部	s.append('a') #s=[1, 3, 2, 'a'] s.append([1,2]) #s=[1, 3, 2, [1,2]]
s.extend(t)	将列表 t 附加至列表 s 尾部	s.extend([4]) #s=[1, 3, 2, 4] s.extend(['a','b']) #s=[1, 3, 2,'a', 'b']
s.insert(i, x)	在列表指定位置 i 处添加元素 x	s.insert(1,4) #s=[1, 4, 3, 2] s.insert(8,5) #s=[1, 4, 3, 2, 5]

续表

方　法	说　明	示　例
s. remove(x)	在列表中删除首次出现的指定元素，若对象不存在，将导致 ValueError	s. remove(1) #s=[3, 2] s. remove(0) # ValueError: list. remove(x): x not in list
s. pop(i)	删除并返回列表对象指定位置的元素，默认为最后一个元素	s. pop() #输出 2。s=[1, 3] s. pop(0) #输出 1。s=[3, 2]
s. index(x)	返回第一个值为 x 的元素的下标，若不存在值为 x 的元素，则抛出异常	s. index(1) #输出 0 s. index(5) # ValueError: 5 is not in list
s. count(x)	返回指定元素 x 在列表中的出现次数	s. count(1) #输出 1 s. count(0) #输出 0
s. reverse()	对列表元素进行原地翻转	s. reverse() #s=[2, 3, 1]
s. sort()	对列表元素进行原地排序	s. sort() #s=[1, 2, 3]

3.2.1 列表的创建与删除

1. 创建列表

列表采用方括号中用逗号分隔的项目定义。其基本形式如下：

```
[x1, [x2, …, xn] ]
```

如同其他类型的 Python 对象变量一样，使用赋值运算符“=”直接将一个列表赋值给变量即可创建列表对象，例如：

```
>>> a_list = ['a', 'b', 'c', 'd']
>>> a_list = [ ]  #创建空列表
```

或者，也可以使用 list()函数将元组、range 对象、字符串或其他类型的可迭代对象类型的数据转换为列表。例如：

```
>>> a_list = list( (3,5,7,9,11) )
List(range(1, 10, 2))
[1, 3, 5, 7, 9]
>>> list('hello world')
['h', 'e', 'l', 'l', 'o', ' ', 'w', 'o', 'r', 'l', 'd']
>>> x = list()  #创建空列表
```

【例 3-10】 创建列表对象。

```
>>> [ ]
[ ]
>>> [1, 2, 3]
[1, 2, 3]
>>> list()
[ ]
>>> list((1, 2, 3))
[1, 2, 3]
>>> list(range(3))
[0, 1, 2]
>>> list('abc')
['a', 'b', 'c']
>>> list([1, 2, 3])
[1, 2, 3]
>>> a = ['x', 2]
>>> a
['x', 2]
```

上面的代码中用到了内置函数 range()，这是一个非常有用的函数，后面会多次用到，该函数语法为：

```
range([start, ] stop[, step])
```

内置函数 range()接收三个参数，第一个参数表示起始值(默认为 0)，第二个参数表示终止值(结果中不包括这个值)，第三个参数表示步长(默认为 1)，该函数在 Python 2. x 中返回一个包含若干整数的列表。另外，Python 2. x 还提供了一个内置函数 xrange()，语法与 range()函数一样，但是返回 xrange 可迭代对象，而不是像 range()函数一样返回列表。例如：

```
>>> range(5)
[0, 1, 2, 3, 4]
>>> xrange(5)
xrange(5)
>>> list(xrange(5))
[0, 1, 2, 3, 4]
```

使用 Python 2. x 处理大数据或较大循环范围时，建议使用 xrange()函数来控制循环次数或处理范围，以获得更高的效率。

2. 删除列表

当列表不再使用时，使用 del 命令删除整个列表，如果列表对象所指向的值不再由其他对象指向，Python 将同时删除该值。

```
>>> del a_list
>>> a_list
NameError: name 'a_list' is not defined
```

正如上面的代码所展示的一样，删除列表对象 a_list 之后，该对象就不存在了，再次访问时将抛出异常 NameError 提示所访问的对象名不存在。

【例 3-11】 列表的创建与删除操作示例。

```
>>> s = [1, 2, 3, 4, 5, 6]
>>> s[1] = 'a'
>>> s
[1, 'a', 3, 4, 5, 6]
>>> s[2] = [ ]
>>> s
[1, 'a', [ ], 4, 5, 6]
>>> del s[3]
>>> s
[1, 'a', [ ], 5, 6]
>>> s[:2]
[1, 'a']
```

```
>>> s[2:3] = [ ]
>>> s
[1, 'a', 5, 6]
>>> s[:1] = [ ]
>>> s
['a', 5, 6]
>>> s[:2] = 'b'
>>> s
['b', 6]
>>> del s[:1]
>>> s
[6]
```

3.2.2 列表元素的增加

列表元素的动态增加和删除是实际应用中经常遇到的操作，Python 列表提供了多种不同的方法来实现这一功能。

1. 运算符(+)

可以使用+运算符来实现将元素添加到列表中的功能。虽然这种用法在形式上比较简单也容易理解,但严格意义上来讲,这并不是真的给列表添加元素,而是创建一个新的列表,并将原列表中的元素和新元素依次复制到新列表的内存空间。由于涉及原列表元素的复制,该操作速度较慢,在涉及大量元素添加时不建议使用该方法。

```
>>> s = [3, 4, 5]
>>> s = s + [7]
>>> s
[3, 4, 5, 7]
```

2. append()方法

使用列表对象的 append()方法,原地修改列表,是真正意义上的在列表尾部添加元素,速度较快,也是添加列表元素时推荐使用的方法。

```
>>> s.append(9)
>>> s
[3, 4, 5, 7, 9]
```

3. extend()方法

使用列表对象的 extend()方法可以将另一个迭代对象的所有元素添加至该列表对象尾部。

```
>>> s.extend([11, 13])
>>> s
[3, 4, 5, 7, 9, 11, 13]
```

4. insert()方法

使用列表对象的 insert()方法将元素添加至列表的指定位置。

```
>>> s = [3, 4, 5]
>>> s.insert(2, 6)
>>> s
[3, 4, 6, 5]
```

列表的 insert()方法可以在列表的任意位置插入元素,但由于列表的自动内存管理功能,insert()方法会涉及插入位置之后所有元素的移动,这会影响处理速度,类似的还有后面介绍的 remove()方法以及使用 pop()函数弹出列表非尾部元素和使用 del 命令删除列表非尾部元素的情况。因此,除非必要,应尽量避免在列表中间位置插入和删除元素的操作,而是优先考虑使用前面介绍的 append()方法。

5. 乘法运算符(*)

使用乘法来扩展列表对象,将列表与整数相乘,生成一个新列表,新列表是原列表中元素的重复。

```
>>> s = [3, 5, 7]
>>> t = s * 3
>>> t
[3, 5, 7, 3, 5, 7, 3, 5, 7]
```

该操作实际上是创建了一个新的列表，而不是真的扩展了原列表，该操作同样适用于字符串和元组，并具有相同的特点。

需要注意的是，当使用 * 运算符将包含列表的列表进行重复并创建新列表时，并不创建元素的复制，而是创建已有对象的引用。因此，当修改其中一个值时，相应的引用也会被修改，例如下面的代码：

```
>>> x = [[None] * 2] * 3
>>> x
[[None, None], [None, None], [None, None]]
>>> x[0][0] = 1
>>> x
[1, None], [1, None], [1, None]]
>>> x = [[1, 2, 3]] * 3
>>> x[0][0] = 10
>>> x
[[10, 2, 3], [10, 2, 3], [10, 2, 3]]
```

【例 3-12】 列表元素的增加操作示例。

```
>>> s = [1, 2, 3, 4, 5]
>>> t = ['a', 'b', 'c']
>>> s + t
[1, 2, 3, 4, 5, 'a', 'b', 'c']
>>> s.append(6)
>>> s
[1, 2, 3, 4, 5, 6]
>>> s.extend([8, 9])
>>> s
[1, 2, 3, 4, 5, 6, 8, 9]
>>> s.insert(6, 7)
>>> s
[1, 2, 3, 4, 5, 6, 7, 8, 9]
>>> t * 2
['a', 'b', 'c', 'a', 'b', 'c']
```

3.2.3 列表元素的删除

1. del 命令

使用 del 命令删除列表中的指定位置上的元素。前面已经提到过，del 命令也可以直接删除整个列表，此处不再赘述。

```
>>> s = [3, 5, 7, 9, 11]
>>> del s[1]
>>> s
[3, 7, 9, 11]
```

2. pop()方法

使用列表的 pop()方法删除并返回指定(默认为最后一个)位置上的元素，如果给定的索引超过了列表的范围，则抛出异常。

```
>>> t = [3, 5, 7, 9, 11]
>>> t.pop()
11
>>> t.pop(1)
5
>>> t
[3, 7, 9]
```

3. remove()方法

使用列表对象的 remove()方法删除首次出现的指定元素，如果列表中不存在要删除的元素，则抛出异常。

```
>>> x = [3, 5, 7, 9, 7, 11]
>>> x.remove(7)
>>> x
[3, 5, 9, 7, 11]
```

【例 3-13】 列表元素的删除操作示例。

```
>>> lst = [1,2,4,5,6]
>>> del lst[2]
>>> lst
[1, 2, 5, 6]
>>> lst.pop()
6
>>> lst
[1, 2, 5]
>>> lst.remove(5)
>>> lst
[1, 2]
```

3.2.4 列表元素的访问与计数

可以使用下标直接访问列表中的元素。如果指定下标不存在，则抛出异常提示下标越界，例如：

```
>>> s = [3, 4, 5, 6, 7, 9, 11, 13, 15, 17]
>>> s[3]
6
>>> s[3] = 5.5
>>> s
[3, 4, 5, 5.5, 7, 9, 11, 13, 15, 17]
>>> s[15]
IndexError: list index out of range
```

使用列表对象的 index()方法可以获取指定元素首次出现的下标，语法为 index(value, [start, [stop]])，其中 start 和 stop 用来指定搜索范围，start 默认为 0，stop 默认为列表长度。若列表对象中不存在指定元素，则抛出异常提示列表中不存在该值，例如：

```
>>> s
[3, 4, 5, 5.5, 7, 9, 11, 13, 15, 17]
>>> s.index(7)
4
>>> s.index(100)
ValueError: 100 is not in list
```

如果需要知道指定元素在列表中出现的次数，可以使用列表对象的 count()方法进行统计，例如：

```
>>> s
[3, 4, 5, 5.5, 7, 9, 11, 13, 15, 17]
>>> s.count(7)
1
>>> s.count(0)
0
```

该方法也可以用于元组、字符串以及 range 对象，例如：

```
>>> range(10).count(3)
1
>>> (3, 3, 4, 4).count(3)
2
>>> 'abcdefgabc'.count('abc')
2
```

3.2.5 成员资格判断

如果需要判断列表中是否存在指定的值，可以使用前面介绍的 count()方法；如果存在，则返回大于 0 的数；如果返回 0，则表示不存在。或者，使用更加简洁的 in 关键字来判断一个值是否存在于列表中，返回结果为 True 或 False。

【例 3-14】 成员资格判断操作示例。

```
>>> s = [1, 2, 3]
>>> s
[1, 2, 3]
>>> 3 in s
True
>>> 18 in s
False
>>> t = [[1], [2], [3]]
>>> 3 in t
False
>>> 3 not in t
True
>>> [3] in t
True
>>> [5] in t
False
>>> s1 = [3, 5, 7, 9, 11]
>>> s2 = ['a', 'b', 'c', 'd']
>>> (3, 'a') in zip(s1, s2)
True
>>> for a, b in zip(s1, s2):
print (a, b)
(3,'a')
(5,'b')
(7,'c')
(9,'d')
```

关键字 in 和 not in 也可以用于其他可迭代对象，包括元组、字典、range 对象、字符串、集合等，常用在循环语句中对序列或其他可迭代对象中的元素进行遍历。使用这种方法来遍历序列或迭代对象，可以减少代码的输入量、简化程序员的工作，并且大幅度提高程序的可读性，建议熟练掌握和运用。

3.2.6 切片操作

切片是 Python 序列的重要操作之一，适用于列表、元组、字符串、range 对象等类型。与使用下标访问列表元素的方法不同，切片操作不会因为下标越界而抛出异常，而是简单地在列表尾部截断或者返回一个空列表，代码具有更强的健壮性。

【例 3-15】 列表的切片操作示例。

```
>>> s = [3, 5, 7, 9, 11]
>>> s[::]
[3, 5, 7, 9, 11]
>>> s[::-1]
[11, 9, 7, 5, 3]
>>> s[::2]
[3, 7, 11]
>>> s[1::2]
[5, 9]
>>> s[3::]
[9, 11]
>>> s[3:6]
[9, 11]
>>> s[3:6:1]
```

```
[9, 11]
>>> s[0:100:1]
[3, 5, 7, 9, 11]
>>> s[100:]
[]
```

可以使用切片操作来快速实现很多目的，例如原地修改列表内容，列表元素的增、删、改、查以及元素替换等操作都可以通过切片来实现，并且不影响列表对象内存地址。

```
>>> s = [3, 5, 7]
>>> s[len(s):]
[ ]
>>> s[len(s):] = [9]
>>> s
[3, 5, 7, 9]
>>> s[:3] = [1, 2, 3]
>>> s
[1, 2, 3, 9]
>>> s[:3] = [ ]
>>> s
[9]
>>> s = list(range(10))
>>> s
[0, 1, 2, 3, 4, 5, 6, 7, 8, 9]
>>> s[::2] = [0] * (len(s)/2)
>>> s
[0, 1, 0, 3, 0, 5, 0, 7, 0, 9]
```

也可以结合使用 del 命令与切片操作来删除列表中的部分元素：

```
>>> s = [3, 5, 7, 9, 11]
>>> del s[:3]
>>> s
[9, 11]
```

切片返回的是列表元素的浅复制，与列表对象的直接复制并不一样。

【例 3-16】 列表元素的浅复制与直接复制操作示例。

```
>>> s1 = [3, 5, 7]
>>> s2 = s1 #s1 和 s2 指向同一块内存
>>> s2
[3, 5, 7]
>>> s2[1] = 8
>>> s1
[3, 8, 7]
>>> s1 == s2
True
>>> s1 is s2
True
```

```
>>> s1 = [3, 5, 7]
>>> s2 = s1[::] #浅复制
>>> s1 == s2
True
>>> s1 is s2
False
>>> s2[1] = 8
>>> s2
[3, 8, 7]
>>> s1
[3, 5, 7]
>>> s1 == s2
False
>>> s1 is s2
False
```

3.2.7 列表排序

在实际应用中，经常需要对列表元素进行排序。

1. sort()方法

sort()方法用于在原位置对列表进行排序。在“原位置排序”意味着改变原来的列表，从而让其中的元素能按一定的顺序排列，而不是简单地返回一个已排序的列表副本，该方法支持多种不同的排序方式。

```
>>> s = [2, 4, 6, 1, 3, 5]
>>> s.sort()
>>> s
[1, 2, 3, 4, 5, 6]
```

当用户需要一个排好序的列表副本，同时又保留原有列表不变的时候，正确的方法是：首先把 s 的副本复制给 t，然后对 t 进行排序，例如：

```
>>> s = [2, 4, 6, 1, 3, 5]
>>> t = s[:]
>>> t.sort()
>>> t
[1, 2, 3, 4, 5, 6]
>>> s
[2, 4, 6, 1, 3, 5]
```

在此调用 s[：]得到的是包含了 s 所有元素的切片，这是一种很高效的复制整个列表的方法。如果只是简单地把 s 赋值给 t 是没用的，因为这样做就使得 s 和 t 都指向同一个列表了。

```
>>> t = s
>>> t.sort()
>>> s
[1, 2, 3, 4, 5, 6]
>>> t
[1, 2, 3, 4, 5, 6]
```

2. sorted()

内置函数 sorted()也可以对列表进行排序，与列表对象的 sort()方法不同，内置函数 sorted()返回新列表，并不对原列表进行任何修改。

```
>>> s = [2, 4, 6, 1, 3, 5]
>>> t = sorted(s)
>>> s
[2, 4, 6, 1, 3, 5]
>>> t
[1, 2, 3, 4, 5, 6]
```

这个函数实际上可以用于任何序列，却总是返回一个列表：

```
>>> sorted('Python')
['P', 'h', ',n', 'o', 't', 'y']
```

3. reversed()

在某些应用中可能需要将列表元素进行逆序排列，也就是所有元素位置翻转，第一个元素与最后一个元素交换位置，第二个元素与倒数第二个元素交换位置，以此类推。Python 提供了内置函数 reverse()支持对列表元素进行逆序排列，返回一个逆序排列后的迭代对象，例如：

```
>>> s = [3, 4, 5, 2, 1]
>>> t = reversed(s)
>>> t
<listreverseiterator at 0xa46af28>
>>> list(t)
[1, 2, 5, 4, 3]
```

【例 3-17】 列表元素的排序操作示例。

```
>>> s1 = [2, 4, 6, 1, 3, 5]
>>> s1.sort()
>>> s1
[1, 2, 3, 4, 5, 6]
s1 = [2, 4, 6, 1, 3, 5]
>>> s1.reverse()
>>> s1
[5, 3, 1, 6, 4, 2]
```

```
>>> s1.sort(reverse = True)
>>> s2 = [2, 4, 6, 1, 3, 5]
>>> sorted(s2)
[1, 2, 3, 4, 5, 6]
>>> s2 = [2, 4, 6, 1, 3, 5]
>>> s = reversed(s2)
>>> list(s)
[6, 5, 4, 3, 2, 1]
```

3.2.8 列表推导式

使用列表推导式，可以简单高效地处理一个可迭代对象，并生成结果列表。列表推导式的形式如下：

```
[expr for i1 in 序列 1 … for iN in 序列 N]                 #迭代序列里所有内容,并计算生成列表
[expr for i1 in 序列 1 … for iN in 序列 N if cond_expr]  #按条件迭代,并计算生成列表
```

表达式 expr 使用每次迭代内容 i1 … iN，计算生成一个列表。如果指定了条件表达式 cond_expr，则只有满足条件的元素参与迭代。例如：

```
>>> s = [x * x for x in range(10)]
```

相当于

```
>>> s = [ ]
>>> for x in range(10):
      s.append(x * x)
```

接下来再通过几个示例来进一步介绍列表推导式的功能。

(1) 使用列表推导式实现嵌套列表的平铺。

```
>>> vec = [[1, 2, 3], [4, 5, 6], [7, 8, 9]]
>>> [num for elem in vec for num in elem]
[1, 2, 3, 4, 5, 6, 7, 8, 9]
```

（2）过滤不符合条件的元素。

在列表推导式中可以使用 if 子句来筛选，只在结果列表中保留符合条件的元素。例如，下面的代码用于从当前列表中选择符合条件的元素组成新的列表：

```
>>> s = [-1, -4, 6, 7.5, -2.3, 9, -11]
>>> [x for x in s if x>0]
[6, 7.5, 9]
```

（3）在列表推导式中使用多个循环，实现多序列元素的任意组合，并且可以结合条件语句过滤特定元素。

```
>>> [(x, y) for x in range(3) for y in range(3)]
[(0, 0), (0,1), (0, 2), (1, 0), (1, 1), (1, 2), (2, 0), (2, 1), (2, 2)]
>>> [(x, y) for x in [1, 2, 3] for y in [3, 1, 4] if x != y]
[(1, 3), (1, 4), (2, 3), (2, 1), (2, 4), (3, 1), (3, 4)]
```

（4）使用列表推导式实现矩阵变换。

```
>>> matrix = [[1, 2, 3, 4], [5, 6, 7, 8], [9, 10, 11, 12]]
>>> [[row[i] for row in matrix] for i in range(4)]
[[1, 5, 9], [2, 6, 10], [3, 7, 11], [4, 8, 12]]
```

【例 3-18】 列表推导式操作示例。

```
>>> [i ** 2 for i in range(10)]
[0, 1, 4, 9, 16, 25, 36, 49, 64, 91]
>>> [i for i in range(10) if i%2 == 0]
[0, 2, 4, 6, 8]
>>> [(x, y, x * y) for x in range(1, 4) for y in range(1, 4) if x >= y]
[(1, 1, 1), (2, 1, 2), (2, 2, 4), (3, 1, 3), (3, 2, 6), (3, 3, 9)]
```

3.3 元　　组

元组与列表类似，也是一种序列，但与列表不同的是，元组属于不可变序列，不能修改。元组一旦创建不可以修改其元素的值，也无法为元组增加或删除元素，如果确实需要修改，只能再创建一个新的元组。

3.3.1 元组的创建与删除

元组的定义形式和列表很相似，区别在于定义元组时所有元素放在一对圆括号“(”和“)”中，而不是方括号。圆括号可以省略：如果用逗号分隔了一些值，那么就自动创建了元组。

```
(x1, [x2, …, xn])
```

或者

```
x1, [x2, …, xn]
```

其中，x1，x2，…，xn 为任意对象。注意：如果元组中只有一个项目，后面的逗号不能省略，这是因为 Python 解释器把(x1)解释为 x1，例如(1)解释为整数 1，(1,)则解释为元组。

元组也可以通过创建 tuple 对象来创建。其基本形式为：

```
tuple()             # 创建一个空元组
tuple(iterable)     # 创建一个元组，包含的项目可为枚举对象 iterable 中的元素
```

【例 3-19】 创建元组对象示例。

```
>>> 1, 2, 3
(1, 2, 3)
>>> (1, 2, 3)
(1, 2, 3)
>>> ()   #空元组
()
>>> 1,
(1, )
>>> (1)
1
>>> 'a', 'b', 'c'
('a', 'b', 'c')
>>> 'a',
('a', )
>>> tuple()
()
>>> tuple(range(3))
(0, 1, 2)
>>> tuple('abc')
('a', 'b', 'c')
>>> tuple([1, 2, 3])
(1, 2, 3)
```

tuple 函数的功能与 list 函数基本上是一样的：以一个序列作为参数并把它转换为元组。如果参数就是元组，那么该参数就会被原样返回。使用=操作符将一个元组复制给变量，就可以创建一个元组变量。

```
>>> a_tuple = ('a', )
>>> b_tuple = ('a', 'b', 'c')
>>> c_tuple = ()
```

如同使用 list()函数将序列转换为列表一样，也可以使用 tuple()函数将其他类型序列转换为元组。

```
>>> print (tuple('abcdefg'))
('a', 'b', 'c', 'd', 'e', 'f', 'g')
>>> s = [1, 2, 3, 4]
>>> tuple(s)
(1, 2, 3, 4)
```

对于元组而言，只能使用 del 命令删除整个元组对象，而不能只删除元组中的部分元素，因为元组属于不可变序列。

3.3.2 元组的基本操作

元组其实并不复杂，除了创建元组和访问元组元素之外，支持索引访问、切片操作、连接操作、重复操作、成员资格操作、比较运算符操作，以及求元组长度、最大值、最小值等。

【例 3-20】 元组的基本操作示例。

```
>>> s1 = (1, 2, 1)
>>> s2 = ('a', 'x', 'y', 'z')
>>> len(s1)
3
>>> len(s2)
4
>>> max(s1)
2
```

```
>>> min(s2)
'a'
>>> sum(s1)
4
>>> sum(s2)
Traceback (most recent call last):
  File "<ipython-input-77-bb5a6cd66c38>", line 1, in <module>
    sum(s2)
TypeError: unsupported operand type(s) for +: 'int' and 'str'
>>> s1[0:2]
(1, 2)
```

元组的切片还是元组，就像列表的切片还是列表一样。

3.3.3 元组与列表的区别

列表属于可变序列，可以随意地修改列表中的元素值以及增加和删除列表元素，而元组属于不可变序列，元组中的数据一旦定义就不允许通过任何方式更改。因此，元组没有提供append()、extend()、和insert()等方法，无法向元组中添加元素；同样，元组也没有remove()和pop()方法，也不支持对元组元素进行del操作，即不能从元组中删除元素，只能使用del命令删除整个元组。元组也支持切片操作，但是只能通过切片来访问元组中的元素，而不支持使用切片来修改元组中元素的值，也不支持使用切片操作来为元组增加或删除元素。

元组的访问和处理速度比列表更快，如果定义了一系列常量值，主要用途仅是对它们进行遍历或其他类似用途，而不需要对其元素进行任何修改，那么一般建议使用元组而非列表。可以认为元组对不需要修改的数据进行了“写保护”，从内在实现上不允许修改其元素值，而从使得代码更加安全。

另外，作为不可变序列，与整数、字符串一样，元组可用作字典的键，而列表则不能当作字典键使用，因为列表不是不可变的。

最后，虽然元组属于不可变列表，其元素的值是不可改变的，但是如果元组中包含序列，情况就略有不同，例如：

```
>>> s = ([1, 2], 3)
>>> s[0][0] = 5
>>> s
([5, 2], 3)
>>> s[0].append(8)
>>> s
([5, 2, 8], 3)
>>> s[0] = s[0] + [10]
Traceback (most recent call last):
  File "<ipython-input-81-746f13e9d0fd>", line 1, in <module>
    s[0] = s[0] + [10]
TypeError: 'tuple' object does not support item assignment
>>> s
([5, 2, 8], 3)
```

3.3.4 生成器推导式

从形式上看，生成器推导式与列表推导式非常接近，只是生成器推导式使用圆括号而不是列表推导式所使用的方括号。与列表推导式不同的是,生成器推导式的结果是一个生成器对象而不是列表,也不是元组。使用生成器对象的元素时,可以根据需要将其转化为列表或元组,也可以使用生成器对象的 next()方法进行遍历,或者直接将其作为迭代器对象来使用。但是不管用哪种方法访问其元素,当所有元素访问结束后,如果需要重新访问其中的元素,必须重新创建该生成器对象。

【例 3-21】 生成器推导式操作示例。

```
>>> s = [(i+2) ** 2 for i in range(10)]
>>> s
[4, 9, 16, 25, 36, 49, 64, 81, 100, 121]
>>> tuple(s)
(4, 9, 16, 25, 36, 49, 64, 81, 100, 121)
>>> g = ((i+2) ** 2 for i in range(10))
>>> g
<generator object <genexpr> at
0x000000000A4901F8>
>>> g.next( )
4
>>> g.next( )
9
>>> g.next( )
16
>>> for i in [(i+2) ** 2 for i in range(10)]:
        print i,
4 9 16 25 36 49 64 81 100 121
```

3.4 本章小结

本章重点介绍了列表和元组,它们都是序列对象,列表是可变对象(可以进行修改),而元组是不可变对象(一旦创建了就是固定的)。通过切片操作可以访问序列的一部分,其中切片需要两个索引号来指出切片的起始和结束位置。要想改变列表,则要对相应的位置进行赋值,或者使用赋值语句重写整个切片。

列表、元组属于有序序列,支持双向索引,支持使用负整数作为下标来访问其中的元素,−1 表示最后一个元素位置,−2 表示倒数第二个元素位置,以此类推。在 Python 中,同一个列表元素的数据类型可以各不相同,并且支持复杂数据类型的嵌套。

将列表或元组对象与一个整数进行 * 运算符操作,表示将对象中的元素进行重复并返回一个新的同类类型。+运算符可以连接两个列表对象,但并不是原地修改列表,而是返回一个新列表,不对原列表对象做任何修改。并且该运算符涉及大量的元素赋值操作,效率较低,建议优先考虑使用列表对象的 append()方法。

虽然列表支持在列表中间任意位置插入和删除元素,但建议尽量从列表的尾部进行元素的增加与删除,这样可以获得更高的速度。切片操作不仅可以用来返回列表、元组中的部分元素,还可以对列表中的元素值进行修改,以及增加或删除列表中的元素。

列表推导式可以使用简洁的形式来满足特定需要的列表。

3.5 上机实验

上机实验 1 Python 列表与集合

【实验目的】 掌握 Python 语言的列表与集合数据结构的方法。

【实验内容及步骤】 编写程序,实现删除列表 s1 = ['b', 'c', 'd', 'b', 'c', 'a', 'a']中的重复元素。

方法一:

创建包含重复元素的列表 s1。

```
>>> s1 = ['b', 'c', 'd', 'b', 'c', 'a', 'a']
```

set()操作将原列表转换为一个无序不重复元素集合,使用 list()将集合转换为列表。

```
>>> s2 = list(set(s1))
```

打印输出去除重复元素后的列表 s2。

```
>>> print s2
```

方法二:

创建包含重复元素的列表 s1。

```
>>> s1 = ['b', 'c', 'd', 'b', 'c', 'a', 'a']
```

创建空列表 s1

```
>>> s2 = []。
```

使用列表推导式,从列表 s1 中挑选尚未存在于列表 s2 中的元素,再将该元素增加到列表 s2 中。

```
>>> [s2.append(s) for s in s1 if not s in s2]
```

打印输出去除重复元素后的列表 s2。

```
>>> print s2
```

运行结果:

```
['b', 'c', 'd', 'a']
```

上机实验 2　序列内置函数

【实验目的】 掌握序列内置函数 len()、max()、min()和 sum()。

【实验内容及步骤】 编写程序,求列表 lst = [5, 9, 3, 1, 12, 33, 2, 10]中的元素个数、最大值、最小值、元素之和。

创建列表 lst,包含元素 5, 9, 3, 1, 12, 33, 2, 10。

```
>>> lst = [5, 9, 3, 1, 12, 33, 2, 10]
```

内置函数 len()返回序列中所包含元素的数量。

```
>>> len(lst)
```

运行结果:8

内置函数 max()返回序列中最大元素。

```
>>> max(lst)
```

运行结果：33

序列内置函数 min()返回序列中最小的元素。

```
>>> min(lst)
```

运行结果：1

内置函数 sum()可获取列表或元组各元素之和。

```
>>> sum(lst)
```

运行结果：75

上机实验 3　偶数变换

【实验目的】 对数列的奇偶数分别进行操作。

【实验内容及步骤】 编写程序，将列表 s = [1, 2, 3, 4, 5, 6, 7, 8, 9]中的偶数变成它的平方，奇数变成它的立方。

创建列表 s。

```
>>> s = [1, 2, 3, 4, 5, 6, 7, 8, 9]
```

使用列表推导式，对列表 s 中的每个元素判断其是否为偶数，即除以 2 的余数是否为 0：i%2 == 0；如果是偶数则执行平方操作：i ** 2；新的元素放入列表 new_s 中存储。

```
>>> new_s = [i ** 2 for i in s if i % 2 == 0]
```

打印输出列表。

```
>>> print new_s
```

运行结果如下：

```
[4, 16, 36, 64]
```

上机实验 4　元组数据结构

【实验目的】 掌握元组数据结构，元组与列表的转换和列表的排序方法。

【实验内容及步骤】 对元组 fruits = ('banana', 'grapes', 'apple', 'strawberry')进行升序排序，输出排序后的元组。

创建元组，元组是不可变序列，无法直接进行排序操作。

```
>>> fruits = ('banana', 'grapes', 'apple', 'strawberry')
```

将元组转换为列表。

```
>>> fruits_lst = list(fruits)
```

使用 sort()对列表进行排序，默认为升序。

```
>>> fruits_lst.sort()
```

将排序后的列表再转换为元组。

```
>>> fruits_new = tuple(fruits_lst)
```

打印输出排序后的元组。

```
>>> print fruits_new
```

运行结果如下：

```
('apple', 'banana', 'grapes', 'strawberry')
```

习题 3

一、单项选择题

1. Python 语句 print(type([1, 2, 3, 4]))的输出结果是(　　)。

A. <class'tuple'>　　B. <class 'dict'>

C. <class 'set'>　　D. <class 'list'>

2. Python 语句 print(type((1, 2, 3, 4)))的输出结果是(　　)。

A. <class'tuple'>　　B. <class 'dict'>

C. <class 'set'>　　D. <class 'list'>

3. Python 语句 a=[1, 2, 3, None, (), [ ],]; print(len(a))的输出结果是(　　)。

A. 4　　B. 5　　C. 6　　D. 7

4. Python 语句 s1=[4, 5, 6]; s2=s1; s1[1]=0; print(s2)的运行结果是(　　)。

A. [4, 5, 6]　　B. [0, 5, 6]

C. [4, 0, 6]　　D. 以上都不对

5. Python 语句 s=[1, 2, 3, 4]; s. append([5, 6]); print(len(s))的运行结果是(　　)。

A. 4　　B. 5　　C. 6　　D. 7

6. Python 语句 s1=[1, 2, 3, 4]; s2=[5, 6, 7]; print (len(s1+s2))的运行结果是(　　)。

A. 4　　B. 5　　C. 6　　D. 7

7. Python 语句 print(tuple(range(2)))的运行结果是(　　)。

A. (0, 1)　　B. [0, 1]　　C. (1, 2)　　D. [1, 2]

8. Python 语句 list(range(2))的运行结果是(　　)。

A. (0, 1)　　B. [0, 1]　　C. (1, 2)　　D. [1, 2]

9. Python 列表推导式[i for i in range(5) if i%2 != 0]的运行结果是(　　)。

A. [0, 1, 2, 3, 4]　　B. [1, 3]

C. [0, 2, 4]　　D. [1, 2, 3, 4, 5]

10. 在 Python 中,设有 s=('a', 'b', 'c', 'd', 'e'),则有:

(1) s[2]的值为(　　)。

A. 'a'　　B. 'b'

C. 'c'　　D. 'd'

(2) s[2:4]的值为(　　)。

A. ('a', 'b')　　B. ('b', 'c')

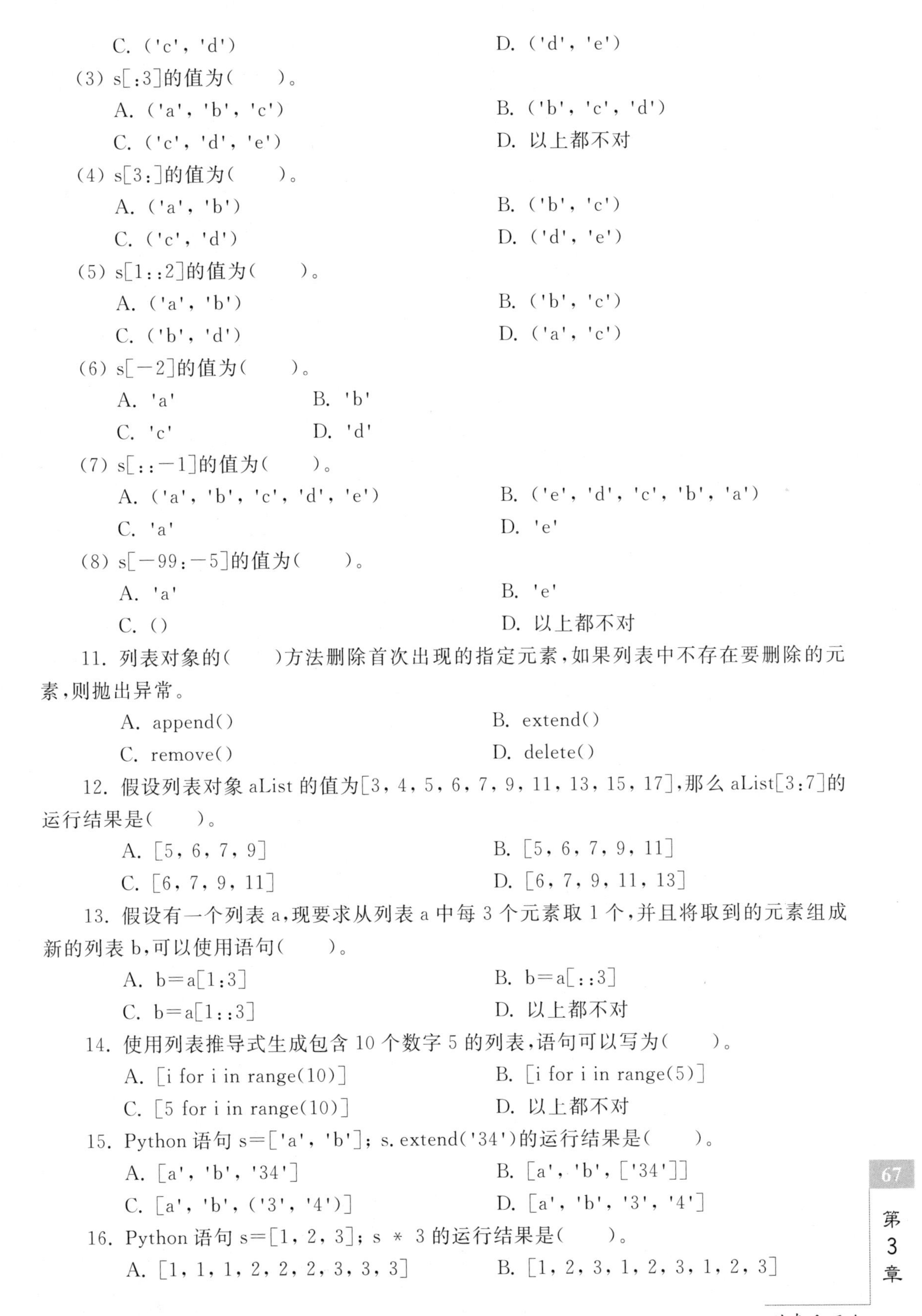

C. ('c', 'd')　　　D. ('d', 'e')

(3) s[:3]的值为(　　)。

A. ('a', 'b', 'c')　　　B. ('b', 'c', 'd')

C. ('c', 'd', 'e')　　　D. 以上都不对

(4) s[3:]的值为(　　)。

A. ('a', 'b')　　　B. ('b', 'c')

C. ('c', 'd')　　　D. ('d', 'e')

(5) s[1::2]的值为(　　)。

A. ('a', 'b')　　　B. ('b', 'c')

C. ('b', 'd')　　　D. ('a', 'c')

(6) s[-2]的值为(　　)。

A. 'a'　　　B. 'b'

C. 'c'　　　D. 'd'

(7) s[::-1]的值为(　　)。

A. ('a', 'b', 'c', 'd', 'e')　　　B. ('e', 'd', 'c', 'b', 'a')

C. 'a'　　　D. 'e'

(8) s[-99:-5]的值为(　　)。

A. 'a'　　　B. 'e'

C. ()　　　D. 以上都不对

11. 列表对象的(　　)方法删除首次出现的指定元素,如果列表中不存在要删除的元素,则抛出异常。

A. append()　　　B. extend()

C. remove()　　　D. delete()

12. 假设列表对象aList的值为[3, 4, 5, 6, 7, 9, 11, 13, 15, 17],那么aList[3:7]的运行结果是(　　)。

A. [5, 6, 7, 9]　　　B. [5, 6, 7, 9, 11]

C. [6, 7, 9, 11]　　　D. [6, 7, 9, 11, 13]

13. 假设有一个列表a,现要求从列表a中每3个元素取1个,并且将取到的元素组成新的列表b,可以使用语句(　　)。

A. b=a[1:3]　　　B. b=a[::3]

C. b=a[1::3]　　　D. 以上都不对

14. 使用列表推导式生成包含10个数字5的列表,语句可以写为(　　)。

A. [i for i in range(10)]　　　B. [i for i in range(5)]

C. [5 for i in range(10)]　　　D. 以上都不对

15. Python语句s=['a', 'b']; s.extend('34')的运行结果是(　　)。

A. [a', 'b', '34']　　　B. [a', 'b', ['34']]

C. [a', 'b', ('3', '4')]　　　D. [a', 'b', '3', '4']

16. Python语句s=[1, 2, 3]; s * 3的运行结果是(　　)。

A. [1, 1, 1, 2, 2, 2, 3, 3, 3]　　　B. [1, 2, 3, 1, 2, 3, 1, 2, 3]

C. [3, 6, 9]　　　　D. [[1, 2, 3], [1, 2, 3], [1, 2, 3]]

17. Python 语句 t=('a', 'b', 'c', 'd', 'a'); t.count('a')的运行结果是(　　)。

A. 0　　　　B. 1

C. 2　　　　D. 以上都不对

18. Python 语句 s=[i ** 2 for i in range(4)]的运行结果是(　　)。

A. [0, 2, 4, 6]　　　　B. [0, 1, 4, 9]

C. [0, 1, 2, 3, 0, 1, 2, 3]]　　　　D. [1, 4, 9, 16]

19. Python 语句 s=([1, 2], 3); s[0][0]=5; s 的运行结果是(　　)。

A. ([1, 5], 3)　　　　B. ([5, 2], 3)

C. ([1, 2], 5)　　　　D. ([0, 1, 2], 3)

20. Python 语句 s=([1, 2], 3); s[0].append(4)的运行结果是(　　)。

A. ([4, 1, 2], 3)　　　　B. ([1, 2, 4], 3)

C. (4, [1, 2], 3)　　　　D. ([1, 2], [4], 3)

21. Python 语句 list(range(1,10,3))的执行结果为(　　)。

A. [0, 3, 6, 9]　　　　B. [1, 4, 7]

C. [1, 4, 7, 10]　　　　D. 以上都不对

二、多项选择题

1. Python 的有序序列有(　　)。

A. 列表　　B. 元组　　C. 字符串　　D. 集合

2. Python 中具有查找功能的有(　　)。

A. in　　B. not in　　C. count　　D. index

3. 关于 a or b 的描述正确的是(　　)。

A. 如果 a = True,b = True,则 a or b 等于 True

B. 如果 a = True,b = False,则 a or b 等于 True

C. 如果 a = True,b = False,则 a or b 等于 False

D. 如果 a = False,b = False,则 a or b 等于 False

4. 以下可以对列表进行排序的有(　　)。

A. sort()　　B. ascend()　　C. sorted()　　D. reversed()

5. 列表可以执行的操作有(　　)。

A. 索引　　B. 切片　　C. 嵌套　　D. 排序

6. 列表 s= [2, 4, 6, 8, 10],能得到[8, 10]的切片操作有(　　)。

A. s[3::]　　B. s[3:6]　　C. s[3:6:1]　　D. s[-2:]

7. 列表 s= [1, 2, 3, 4, 5],能得到[1, 3, 5]的切片操作有(　　)。

A. s[0:4:2]　　B. s[0:5:2]　　C. s[::2]　　D. s[::-2]

8. 列表 s=[2, 7, 5, 1 ,3],能够实现将该列表升序排列的有(　　)。

A. sorted(s)　　　　B. s.sort(reverse=False)

C. s.sort(reverse=True)　　　　D. s.reverse()

9. 可以得到元组(1, 3, 5)的有(　　)。

A. 1, 3, 5　　B. (1, 3, 5)

C. tuple(1, 3, 5)　　D. tuple([1, 3, 5])

10. 以下列表中长度为 2 的有(　　)。

A. [1, [2, 3]]　　B. [[1, 3]]

C. ['hello','hi']　　D. [['x','y'],[1,2,[3]]]

三、判断题

1. 针对列表操作,函数 sorted()和方法 sort()的功能完全相同。(　　)

2. 使用下标访问元组中的元素时,如果指定下标不存在,则抛出异常。(　　)

3. 元组与列表一样,都包括多个成员对象,只是分别使用方括号、圆括号。(　　)

4. 即使元组的成员对象中有列表,元组也是不可变的。(　　)

5. 两个相同类型的序列才能进行连接操作。(　　)

6. 表达式"[3] in [1, 2, 3, 4]"的值为 False。(　　)

7. 列表对象的 sort()方法用来对列表元素进行原地排序,该函数返回值为 None。(　　)

8. 可以使用 del 命令来删除元组中的部分元素。(　　)

9. 列表和元组的主要区别在于,列表可以修改,元组则不能。(　　)

10. 列表、元组和字符串等序列类型均支持双向索引。(　　)

11. 字符串属于 Python 有序序列,与列表、元组一样都支持双向索引。(　　)

12. 通过连接操作符+,可以连接两个序列(s1 和 s2),形成一个新的序列对象。(　　)

13. 当列表不再使用时,使用 del 命令删除整个列表。(　　)

14. 使用下标直接访问列表中的元素时,如果指定下标不存在,则抛出异常。(　　)

15. 使用列表推导式能够实现嵌套列表的平铺。(　　)

16. 定义元组时所有元素放在一对圆括号中,且圆括号不可以省略。(　　)

17. 元组的访问和处理速度比列表更快。(　　)

18. tuple()可以把序列转换成元组。(　　)

19. 元组中只包含一个元素时,需要在元素后面添加逗号来消除歧义。(　　)

20. Python 列表、元组和字符串 s 的最后一个元素的下标为 len(s)。(　　)

21. Python 列表中所有元素必须为相同类型的数据。(　　)

22. 对于列表而言,在尾部追加元素比在中间位置插入元素速度更快一些,尤其是对于包含大量元素的列表。(　　)

23. 删除列表中重复元素最简单的方法是将其转换为集合后再重新转换为列表。(　　)

24. 列表对象的 pop()方法默认删除并返回最后一个元素,如果列表已空则抛出异常。(　　)

25. 列表可以作为字典的"键"。

26. 元组可以作为字典的“键”。

27. 使用 Python 列表的方法 insert()为列表插入元素时会改变列表中插入位置之后元素的索引。 (　　)

28. 使用 del 命令或者列表对象的 remove()方法删除列表中元素时会影响列表中部分元素的索引。 (　　)

第 4 章 字符串与正则表达式

字符串是一个有序的字符集合，即字符序列。在 Python 中，字符串属于不可变序列类型，使用单引号、双引号、三单引号或三双引号作为界定符，并且不同的界定符之间可以互相嵌套，Python 中没有独立的字符数据类型，字符即长度为 1 的字符串。

正则表达式是对字符串操作的一种逻辑公式，就是用事先定义好的一些特定字符及这些特定字符的组合，组成一个"规则字符串"，用来表达对字符串的一种过滤逻辑。

正则表达式是用来匹配字符串的非常强大的工具，在其他编程语言中同样有正则表达式的概念，Python 同样不例外，利用正则表达式，可以检查一个字符串是否与某种模式匹配或从返回的页面内容提取出想要的内容。

4.1 字　符　串

4.1.1 字符串常量

使用单引号或双引号括起来的内容，是字符串，Python 字符串可以用以下 4 种方式定义：

(1) 单引号(' ')：包含在单引号中的字符串，其中可以包含双引号。

(2) 双引号(" ")：包含在双引号中的字符串，其中可以包含单引号。

(3) 三单引号(''' ''')：包含在三单引号中的字符串，可以跨行。

(4) 三双引号(""" """)：包含在三双引号中的字符串，可以跨行。

作为序列，字符串支持其中各个元素包含位置顺序的操作。例如，如果有一个含有 4 个字符的字符串，可以通过内置的 len 函数验证其长度并通过索引操作得到其各个元素。

```
>>> S = 'Spam'
>>> len(S)                    #字符串 S 的长度
4
>>> S[0]                      #字符串 S 从左数的第一项
'S'
>>> S[1]                      #字符串 S 从左数的第二项
'p'
```

值得注意的是，在方括号中不仅可以使用数字常量，而且还可以使用变量或任意表达式。除了简单地从位置进行索引，字符串也支持序列的切片操作，这是一种一步就能够提取整个切片的方法，例如：

```
>>> S[1:]                          #除了第一个以外的全部,等同于 S[1:len(S)]
'pam'
>>> S                              # S本身没有发生变化
'Spam'
>>> S[0:3]                         #除了最后一项
'Spa'
>>> S[:-1]                         #与 S[0:3]相同
'Spa'
>>> S[:]                           #复制 S 的全部,等同于 S[0:len(S)]
'Spam'
```

【注意】 两个紧邻的字符串,如果中间只有空格分隔,则自动拼接为一个字符串。例如:

```
>>> 'Blue' 'Sky'
'BlueSky'
```

4.1.2 字符串的转义符

特殊符号(不可打印符号),可以使用转义序列表示。转义序列以反斜杠开始,紧跟一个字母,如"\n"(换行符)和"\t"(制表符)。如果字符串中希望包含反斜杠,则它前面必须还有另一个反斜杠。

Python 转义字符如表 4-1 所示。

表 4-1 特殊符号的转义序列

转义序列	字符	转义序列	字符
\'	单引号	\f	换页(FF)
\"	双引号	\n	换行(LF)
\\	反斜杠	\r	回车(CR)
\a	响铃(BEL)	\t	水平制表符(HT)
\b	退格(BS)	\v	垂直制表符(VT)

【例 4-1】 字符串常量示例。

```
>>> 'abc'
'abc'
>>> 'abc\'x\''
"abc'x'"
>>> 'abc\"x\" '
'abc"x" '
>>> x = 'c:\\Python27'
>>> x
'c:\\Python27'
>>> print x
c:\Python27
```

```
>>> "xyz"
'xyz'
>>> "x\tyz"
'x\tyz'
>>> print "x\tyz"
x       yz
>>> print "x'y'z"
x'y'z
>>> print "x\ny"
x
y
```

4.1.3 字符串的基本操作

字符串支持序列的基本操作,包括索引访问、切片操作、连接操作、重复操作、判断成员资格操作、比较运算操作，以及求字符串长度、取最小值和最大值等。

【例 4-2】 字符串切片操作示例。

```
>>> url = '<a href = "http://www.dlufl.edu.cn">大连外国语大学</a>'
>>> url[9:32]
'http://www.dlufl.edu.cn'
>>> url[34: - 4]
大连外国语大学
>>> url = 'http://www.dlufl.edu.cn'
>>> url[ - 3:] = 'com'
Traceback (most recent call last):
  File "<pyshell#19>",line1,in ?
    url[ - 3:] = 'com'
TypeError: object doesn't support slice assignment
```

字符串是不可变的，因此上例中的切片复制是不合法的。

字符串可以通过操作符(+)进行合并，通过操作(*)符进行重复。

【例 4-3】 字符串合并、重复操作示例。

```
>>> len('hello')          # 字符串长度: 项的数量
5
>>> 'hello' + 'world'     # 连接: 新字符串
'helloworld'
>>> 'Hi' * 4              # 重复: 等同于'Hi' + 'Hi' + 'Hi' + 'Hi'
'HiHiHiHi'
```

从形式上讲，两个字符串对象相加创建了一个新的字符串对象，这个对象就是两个操作的对象内容相连，而重复就像在字符串后再增加一定数量的本身。无论是哪种情况，Python 都创建了任意大小的字符串。在 Python 中没有必要去做任何预声明，包括数据结构的大小，内置的 len 函数返回了一个字符串(或任意有长度的对象)的长度。例如，打印包含 80 个横线的一行，有以下两种方式：

```
>>> print('-------- ...more... --------')
>>> print('-' * 80)
```

【例 4-4】 字符串的基本操作示例。

```
>>> s1 = 'abcxyz'
>>> len(s1)
6
>>> s1[3:]
'xyz'
>>> s2 = '123'
>>> s1 > s2
True
>>> 3 * s2
'123123123'
>>> max(s1)
'z'
```

4.1.4 字符串方法

字符串是非常重要的数据类型，Python 提供了大量的函数支持字符串操作，可以使用 dir(" ")查看所有字符串操作函数列表，并使用内置函数 help()查看每个函数的帮助，字符串也是 Python 序列的一种，很多 Python 内置函数也支持对字符串的操作，同时字符串还支持一些特有的操作方法，例如格式化操作、字符串查找、字符串替换等。

1. 字符串的拆分

split(sep = None, maxsplit = −1)：按指定字符(默认为空格)从左侧分隔字符串，返回包含分隔结果的列表。maxsplit 为最大分隔数，默认为−1，表示不限制分隔的数量。

rsplit(sep = None, maxsplit = −1)：按指定字符(默认为空格)从右侧分隔字符串，返回包含分隔结果的列表。

partition(sep)：根据分隔符 sep 从左侧将原字符串分隔为三个部分，返回元组(left, sep, right)，即分隔符前的字符串、分隔符字符串、分隔符后的字符串。

rpartition(sep)：根据分隔符 sep 从右侧将原字符串分隔为三个部分，返回元组(left, sep, right)。

【例 4-5】 字符串拆分示例。

```
>>> s1 = 'one, two, three'
>>> s1.split(', ')
['one', 'two', 'three']
>>> s1.split(', ', 1)
['one', 'two, three']
>>> s1.rsplit(', ', 1)
['one, two', 'three']
>>> s1.partition(', ')
('one', ', ', 'two,three')
>>> s1.rpartition(', ')
('one,two', ', ', 'three')
```

对于 split()和 rsplit()方法，如果不指定分隔符，则字符串中的任何空白符号(包括空格、换行符、制表符等)都将被认为是分隔符，返回包含最终分隔结果的列表。

```
>>> s = '\n\nNice\t\t to \n\n\n meet\t you!'
>>> s.split()
['Nice', 'to', 'meet', 'you!']
```

split()和 rsplit()方法还允许指定最大分隔次数，例如：

```
>>> s = '\n\nNice\t\t to \n\n\n meet you!'
>>> s.split(None, 2)
['Nice', 'to', 'meet you!']
>>> s.rsplit(None, 2)
['\n\nNice\t\t to', 'meet', 'you!']
>>> s.split(None, 6)
['Nice', 'to', 'meet', 'you!']
```

对于 partition()和 rpartition()方法，如果指定的分隔符不在原字符串中，则返回原字符串和两个空字符串。

```
>>> s = "apple, peach, banana, pear"
>>> t = s.split(',')
>>> t
['apple', 'peach', 'banana', 'pear']
>>> s.partition(',')
('apple', ',', 'peach, banana, pear')
>>> s.rpartition(',')
('apple, peach, banana', ',', 'pear')
>>> s = "2017 - 08 - 01"
>>> t = s.split(' - ')
```

```
>>> t
['2017', '08', '01']
>>> list(map(int, t))
[2017, 8, 1]
```

2. 字符串的组合

与 split()相反，join()方法用来将列表中多个字符串进行连接，并在相邻两个字符串之间插入指定字符。

```
>>> li = ["apple","peach","banana", "pear"]
>>> sep = ","
>>> s = sep.join(li)
>>> s
'apple,peach,banana,pear'
```

字符串也支持使用运算符(+)进行合并(将两个字符串合并成为一个新的字符串)，使用运算符(*)进行重复(通过再重复一次创建一个新的字符串)：

```
>>> S
'Spam'
>>> S + 'xyz'              #连接
'Spamxyz'
>>> S                      #S未改变
'Spam'
>>> S * 4                  #重复
'SpamSpamSpamSpam'
```

【注意】 运算符(+)对于不同的对象有不同的意义：对于数字为加法，对于字符串为合并。使用运算符(+)连接字符串效率较低，应优先使用 join()方法。

【例 4-6】 字符串组合示例。

```
>>> s1 = ('a', 'b', 'c')
>>> s2 = ':'
>>> s2.join(s1)
'a:b:c'
>>> s2.join('123')
'1:2:3'
```

3. 字符串的查找

find(sub[, start[, end]])：查找一个字符串在另一个字符串指定范围(默认是整个字符串)中首次出现的位置，返回下标，没有则返回-1。

rfind(sub[, start[, end]])：查找一个字符串在另一个字符串指定范围(默认是整个字符串)中最后一次出现的位置，返回下标，没有则返回-1。

index(sub[, start[, end]])：返回一个字符串在另一个字符串指定范围中首次出现的位置，如果不存在则抛出异常。

rindex(sub[, start[, end]])：返回一个字符串在另一个字符串指定范围中最后一次出现的位置，如果不存在则抛出异常。

count(sub[, start[, end]])：返回一个字符串在另一个字符串中出现的次数。

```
>>> S = 'Spam'
>>> S.find('pa')            #查找子串的起始位置
1
>>> S.find('at')
-1
>>> S.find('S')
0
```

【注意】 字符串的 find 方法并不返回布尔值,如果返回的是 0,则说明在索引 0 位置找到了子串。

【例 4-7】 字符串查找示例。

```
>>> s = "apple, peach, banana, peach, pear"
>>> s.find("peach")            #返回第一次出现的位置
6
>>> s.find("peach", 7)         #从指定位置开始查找
19
>>> s.find("peach", 7, 20)     #在指定范围中查找
-1
>>> s.rfind('p')               #从字符串尾部向前查找
25
>>> s.index('p')               #返回首次出现位置
1
>>> s.index('pe')              #返回首次出现位置
6
>>> s.index('pear')            #返回首次出现位置
25
>>> s.index('pink')            #指定子字符串不存在时抛出异常
ValueError: substring not found
>>> s.count('p')               #统计子字符串出现次数
5
>>> s.count('pink')
0
```

4. 字符串替换

replace(old, new[, count]):替换字符串中指定字符或子字符串的所有重复出现,每次只能替换一个字符或一个字符串。返回所有匹配项均被替换之后得到的字符串。

```
>>> 'This is a test'.replace('is','eez')
'Theez eez a test'
```

replace 方法类似于文字处理程序中的“查找并替换”功能。

```
>>> S = 'Spam'
>>> S.replace('pa','XYZ')   #用一个子串代替另一个
'SXYZm'
>>> S
'Spam'
```

【例 4-8】 字符串替换示例。

```
>>> s1 = '中国,中国'
```

```
>>> print s1
中国,中国
>>> s2 = s1.replace('中国','中华人民共和国')
>>> print s2
中华人民共和国,中华人民共和国
```

尽管这些字符串方法的命名有改变的含义,但是都不会改变原始的字符串,而是会创建一个新的字符串,这是因为字符串具有不可变性,字符串方法是 Python 中文本处理的重要工具。

5. 大小写转换

lower():转换为小写。

upper():转换为大写。

capitalize():转换为首字母大写,其余小写。

title():转换为单词首字母大写。

swapcase():大小写互换。

```
>>> 'Brave Heart'.lower()
'brave heart'
```

如果想要编写"不区分大小写"的代码,即忽略大小写状态,例如,如果想在列表中查找一个用户名是否存在:列表包含字符串'gumby',而用户输入的是'Gumby',就找不到了:

```
>>> if 'Gumby' in ['gumby', 'smith', 'jones']: print 'Found it!'
...
>>>
```

同样的,如果存储的是'Gumby',而用户输入'gumby'或者'GUMBY',也是找不到的。解决方法就是在存储和搜索时把所有名字都转换为小写,代码如下:

```
>>> name = 'Gumby'
>>> names = ['gumby', 'smith', 'jones']
>>> if name.lower() in names: print 'Found it!'
...
Found it!
>>>
```

【例 4-9】 字符串大小写转换示例。

```
>>> s1 = 'red car'
>>> s2 = 'Pacal Case'
>>> s3 = 'python27'
>>> s4 = 'iPhone7'
>>> s1.capitalize()
'Red car'
>>> s2.lower()
'pacal case'
>>> s3.upper()
'PYTHON27'
>>> s2.swapcase()
'pACAL cASE'
>>> s1.title()
'Red Car'
```

6. 字符串的翻译和转换

maketrans():用来生成字符映射表。

translate():按照映射表关系转换字符串并替换其中的字符,使用这两个方法的组合可以同时处理多个不同的字符,replace()方法则无法满足这一要求。

在使用 translate 转换之前，需要先完成一张转换表。转换表中是以某字符替换某字符的对应关系。因为这个表(事实上是字符串)有多达 256 个项目，用户无须自己完成，而是使用 string 模块里面的 maketrans 函数即可。

maketrans 函数接收两个参数：两个等长的字符串，表示第一个字符串中的每个字符都用第二个字符串中相同位置的字符替换。

【例 4-10】 字符串翻译和翻转示例。

```
>>> from string import maketrans
>>> table = maketrans('1234567', 'abcdefg')
>>> s = '1 3 4 7'
>>> s.translate(table)
'a c d g'
```

7. 填充、空白和对齐

strip([chars])：删除两端的空白字符或连续的指定字符。

lstrip([chars])：删除左端的空白字符或连续的指定字符。

rstrip([chars])：删除右端的空白字符或连续的指定字符。

zfill(width)：从左侧填充，使用 0 填充到 width 宽度。

center(width[, fillchar])：两端填充，使用填充字符 fillchar(默认空格)填充，返回指定宽度的新字符串。

ljust(width[, fillchar])：左端填充，使用填充字符 fillchar(默认空格)填充，返回指定宽度的新字符串。

rjust(width[, fillchar])：右端填充，使用填充字符 fillchar(默认空格)填充，返回指定宽度的新字符串。

【例 4-11】 字符串填充、空白和对齐示例。

```
>>> s1 = '123'
>>> s2 = '  123 '
>>> Len2 = '     123'
>>> len(s2)
6
>>> s2.strip()
'123'
>>> s2.lstrip()
'123'
```

```
>>> s1.zfill(5)
'00123'
>>> s1.center(5, ' ')
'  123  '
>>> s1.ljust(5)
'123     '
>>> s1.rjust(5, '0' )
'00123'
```

8. 字符串类型判断

isalnum()：是否全为字母或数字。

isalpha()：是否全字母。

isdecimal()：是否只包含十进制数字字符。

isdigit()：是否全数字(0～9)。

isindentifier()：是否是合法标识。

islower()：是否全小写。

isupper()：是否全大写。

isprintable()：是否只包含可打印字符。

isspace()：是否只包含空白字符。

istitle()：是否为标题，即各单词首字母大写。

【例 4-12】 字符串类型判断示例。

```
>>> s1 = 'red car'
>>> s2 = 'Pacal Case'
>>> s3 = 'python27'
>>> s4 = 'iPhone7'
>>> s1.islower()
True
>>> s2.isupper()
False
>>> s4.isalnum()
True
>>> s3.isspace()
False
>>> s1.isdigit()
False
>>> s2.istitle()
True
```

9. 字符串求值

eval()：转换字符串为 Python 表达式并求值。

【例 4-13】 字符串求值操作示例。

```
>>> eval("3 + 4")
7
>>> a = 3
>>> b = 5
>>> eval('a + b')
8
>>> s = '8 * 8'
>>> eval(s)
64
>>> eval('2 + 5 * 4')
22
>>> eval('6/2 + 3')
6
>>> eval('98.9')
98.9
```

10. 字符串开始或结束

startswith()：判断字符串是否以指定字符串开始。

endswith()：判断字符串是否以指定字符串结束。

这两个方法可以接收两个整数参数来限定字符串的检测范围。

【例 4-14】 字符串开始或结束判断示例。

```
>>> s = 'Love means never having to say you
are sorry. '
>>> s.startswith('Lo')
True
>>> s.startswith('Lo', 5)
False
>>> s.startswith('Lo', 0, 5)
True
>>> s.endswith('ry')
False
>>> s.endswith('ry. ')
True
```

另外，这两个方法还可以接收一个字符串元组作为参数来表示前缀或后缀，例如，下面的代码可以列出指定文件夹下所有扩展名为 bmp、jpg 或 gif 的图片。

```
>>> import os
>>> [filename for filename in os.listdir(r'D:\\') if filename.endswith(('.bmp', '.jpg', '.gif'))]
```

4.1.5 字符串的格式化

如果需要将其他类型数据转换为字符串或另一种数据格式，或者嵌入其他字符串或模板中再进行输出，就需要用到字符串格式化。Python 中字符串格式化的格式如图 4-1 所示，字符串格式化使用字符串格式化操作符即百分号%来实现。%符号之前的部分为格式字符串，之后的部分为需要进行格式化的内容。

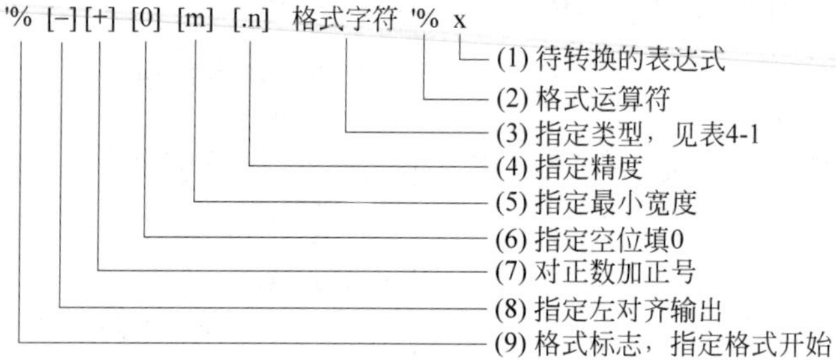

'% [-] [+] [0] [m] [.n] 格式字符 '% x

(1) 待转换的表达式
(2) 格式运算符
(3) 指定类型，见表4-1
(4) 指定精度
(5) 指定最小宽度
(6) 指定空位填0
(7) 对正数加正号
(8) 指定左对齐输出
(9) 格式标志，指定格式开始

图 4-1　字符串格式化

与其他语言一样，Python 支持大量的格式字符，常见的格式字符如表 4-2 所示。

表 4-2　格式字符

格式字符	说　　明	格式字符	说　　明
% s	字符串(采用 str()的显示)	% x	十六进制整数
% r	字符串(采用 repr()的显示)	% X	十六进制整数(大写)
% c	单个字符	% e	指数(基底写为 e)
% b	二进制整数	% E	指数(基底写为 E)
% d	十进制整数	% f、% F	浮点数
% i	十进制整数	% g	指数(e)或浮点数(根据显示长度)
% u	无符号整数	% G	指数(E)或浮点数(根据显示长度)
% o	八进制整数	% %	字符%

格式化操作符的右操作数可以是任何东西，如果是元组或者字典，那么字符串格式化将会有所不同。如果右操作符是元组的话，则其中的每一个元素都会被单独格式化，每个值都需要一个对应的转换说明符。

基本的转换说明包括以下部分。注意，这些项的顺序至关重要。

(1) %字符：标记转换说明符的开始。

(2) 转换标志(可选)：－表示左对齐；＋表示在转换值之前要加上正负号；“”(空白字符)表示正数之前保留空格；0 表示转换值若位数不够则用 0 填充。

(3) 最小字段宽度(可选)：转换后的字符串至少应该具有该值指定的宽度。如果是 *，则宽度会从值元组中读出。

(4) 点(.)后跟精度值(可选)：如果转换的是实数，精度值就表示出现在小数点后的位数。如果转换的是字符串，那么该数字就表示最大字段宽度。如果是 *，那么精度将会从元组中读出。

(5) 转换类型。参见表 4-1。

接下来将对转换说明符的各个元素进行讨论。

1. 简单转换

简单的转换只需要写出转换类型，使用起来很简单，例如：

```
>>> 'Price of eggs: $ %d' %42
'Price of eggs: $ 42'
>>> 'Hexadecimal price of eggs: %x' %42
'Hexadecimal price of eggs:2a'
>>> from math import pi
>>> 'Pi: %f... ' %pi
'Pi:3.141593... '
>>> 'Very inexact estimate of pi:  %i' %pi
'Very inexact estimate of pi: 3'
>>> 'Using str:  %s' %  42L
'Using str: 42'
>>> 'Using repr:  %r' %  42L
'Using repr: 42L'
```

2. 字段宽度和精度

转换说明符可以包括字段宽度和精度。字段宽度是转换后的值所保留的最小字符格式,精度(对于数字转换来说)则是结果中应该包含的小数位数,或者(对于字符串转换来说)是转换后的值所能包含的最大字符个数。

这两个参数都是整数,通过点号(.)分隔。虽然两个都是可选的参数,但如果只给出精度,就必须包含点号。

```
>>> '%10f' % pi      #字符宽度 10
'  3.141593'
>>> '%10.2f' % pi    #字符宽度 10,精度 2
'      3.14'
>>> '%.2f' % pi      #精度 2
'3.14'
>>> '%.5s' % 'House of cards'
'House'
```

3. 字符对齐和 0 填充

在字段宽度和精度值之前还可以放置一个"标表",该标表可以是零、加号、减号或后空格。零表示数字将会用 0 进行填充。

```
>>> '%010.2f' % pi
'0000003.14'
```

注意,在 010 中开头的那个 0 并不意味着字段宽度说明符为八进制数,它只是个普通的 Python 数值。当使用 010 作为字段宽度说明符的时候,表示字段宽度为 10,并且用 0 填充空位,而不是说字段宽度为 8:

```
>>> 010
8
```

减号(—)用来左对齐数值:

```
>>> '% -10.2f' % pi
'3.14      '
```

可以看到,在数字的右侧多出了额外的空格。

而空白("")意味着在正数前加上空格。这在需要对齐正负数时会很有用：

```
>>> print ('% +5d' % 10) + '\n' + ('% 5d' % -10)
 +10
 -10
```

【例 4-15】 字符串格式化示例。

#使用给定宽度打印格式化后的价格列表。

```
width = input('Please enter width: ')
price_width = 10
item_width = width - price_width
header_format = '% - *s% *s'
format = '% - *s% * .2f'
print'=' * width
print header_format % (item_width,'Item', price_width,'Price')
print '-' * width
print format % (item_width ,'Apples',price_width,1.4)
print format % (item_width ,'Pears',price_width,1.5)
print format % (item_width ,'Cantaloupes',price_width,1.85)
print format % (item_width ,'Bananas',price_width,2.8)
print format % (item_width ,'Oranges',price_width,2.2)
print '-' * width
```

运行结果如下：

```
Please enter width: 35
===================================
Item                    Price
-----------------------------------
Apples                  1.40
Pears                   1.50
Cantaloupes             1.85
Bananas                 2.80
Oranges                 2.20
-----------------------------------
```

4.2 正则表达式

正则表达式是字符串处理的有力工具和技术，正则表达式使用预定义的特定模式去匹配一类具有共同特征的字符串，主要用于字符串处理，可以快速、准确地完成复杂的查找、替换等处理操作。

Python 中，re 模块提供了正则表达式操作所需要的功能。本节首先介绍正则表达式的基础知识，然后介绍 re 模块提供的正则表达式函数与对象的用法。

4.2.1 简单的正则表达式

正则表达式由元字符及其不同组合构成，通过巧妙地构造正则表达式可以匹配任意字符串，并完成复杂的字符串处理任务。常用的正则表达式元字符如表 4-3 所示。

表 4-3　正则表达式常用元字符

<table>
<tr><th>元字符</th><th>功 能 说 明</th></tr>
<tr><td>.</td><td>匹配除换行符以外的任意单个字符</td></tr>
<tr><td>*</td><td>匹配位于*之前的字符或子模式的 0 次或多次出现</td></tr>
<tr><td>+</td><td>匹配位于+之前的字符或子模式的 1 次或多次出现</td></tr>
<tr><td>-</td><td>用在[ ]之内表示范围</td></tr>
<tr><td>|</td><td>匹配位于|之前或之后的字符</td></tr>
<tr><td>^</td><td>匹配行首,匹配以^后面的字符开头的字符串</td></tr>
<tr><td>$</td><td>匹配行尾,匹配以$之前的字符串结束的字符串</td></tr>
<tr><td>?</td><td>匹配位于“?”之前的 0 个或 1 个字符。当此字符紧随任何其他限定符(*、+、?、{n}、{n,}、{n, m})之后时,匹配模式是“非贪心的”。“非贪心的”模式匹配搜索到的、尽可能短的字符串,而默认的“贪心的”匹配模式搜索到的、尽可能长的字符串</td></tr>
<tr><td>\</td><td>表示位于\之后的为转义字符</td></tr>
<tr><td>\sum</td><td>此处的 sum 是一个正整数。例如:“(,)\1”匹配两个连续的相同字符</td></tr>
<tr><td>\f</td><td>换行符匹配</td></tr>
<tr><td>\n</td><td>换行符匹配</td></tr>
<tr><td>\n</td><td>换行符匹配</td></tr>
<tr><td>\r</td><td>匹配一个回车符</td></tr>
<tr><td>\b</td><td>匹配单次头</td></tr>
<tr><td>\B</td><td>与\b 含义相反</td></tr>
<tr><td>\d</td><td>匹配任何数字,相当于[0～9]</td></tr>
<tr><td>\D</td><td>与\d 含义相反,等效于[^0～9]</td></tr>
<tr><td>\s</td><td>匹配任何空白字符,包括空格、制表符、换页符,与[\f\n\r\t\v]等效</td></tr>
<tr><td>\S</td><td>与\s 含义相反</td></tr>
<tr><td>\w</td><td>匹配任何字母、数字以及下画线,相当于[A-Za-z0-9_]</td></tr>
<tr><td>\W</td><td>与\w 含义相反,与“[^A-Za-z0-9]”等效</td></tr>
<tr><td>()</td><td>将位于()内的内容作为一个整体来对待</td></tr>
<tr><td>{ }</td><td>按{ }中的次数进行匹配</td></tr>
<tr><td>[ ]</td><td>匹配位于[ ]中的任意一个字符</td></tr>
<tr><td>[^xyz]</td><td>反向字符集,匹配指定范围内的任何字符</td></tr>
<tr><td>[a-z]</td><td>字符范围,匹配指定范围内的任何字符</td></tr>
<tr><td>[^a-z]</td><td>反向范围字符,匹配除小写英文字母之外的任何字符</td></tr>
</table>

如果以“\”开头的元字符与转义字符相同,则需要使用“\\”或者原始字符串,在字符串前加上字符“r”或“R”。原始字符串可以减少用户的输入,主要用于正则表达式和文件路径字符串,如果字符串以一个斜线“\”结束,则需要多写一个斜线,以“\\”结束。

具体应用时,可以单独使用某种类型的元字符,但处理复杂字符串时,经常需要将多个正则表达式元字符进行组合,下面给出了几个简单的示例:

(1) 最简单的正则表达式是普通字符串,可以匹配自身。

(2) '[pjc]ython'可以匹配'python', 'jython', 'cython'。

(3) '[a-zA-Z0-9]'可以匹配一个任意大小写字母或数字。

(4) '[^abc]'可以匹配任意除'a', 'b', 'c'之外的字符。

(5) 'python|perl'或'p(ython|erl)'都可以匹配'python'或'perl'。

(6) 子模式后面加上问号表示可选。r'(http://)?(www\.)?python\.org'只能匹配'http://www.python.org'、'http://python.org'、'www.python.org'和'python.org'。

(7) '^http'只能匹配所有以'http'开头的字符串。

(8) '(pattern)'*:只允许模式重复 0 次或多次。

(9) '(pattern)'+:只允许模式重复 1 次或多次。

(10) '(pattern){m, n}':只允许模式重复 m~n 次。

(11) '(a|b)*c':匹配多个(包含 0 个)a 或 b,后面紧跟一个字母 c。

(12) 'ab{1,}':等价于'ab+',匹配以字母 a 开头后面带 1 个至多个字母 b 的字符串。

(13) '^[a-zA-Z]{1}([a-zA-Z0-9._]){4,19}$':匹配长度为 5~20 的字符串,必须以字母开头、可带数字、"_""."的字符串。

(14) '^(\w){6,20}$':匹配长度为 6~20 的字符串,可以包含字母、数字、下画线。

(15) ^\d{1,3}\.\d{1,3}\.\d{1,3}\.\d{1,3}$':检查给定字符串是否为合法 IP。

(16) '^(13[4-9]\d{8})|(15[01289]\d{8}$':检查给定字符串是否为移动手机号码。

(17) '[a-zA-Z]+$':检查给定字符串是否只包含英文大小写。

(18) '^\w+@(\w+\.)+\w+$':检查给定字符串是否为合法电子邮件地址。

(19) '^(\-)?\d+(\.\d{1,2})?$':检查给定字符串是否最多带有 2 位小数的正数或负数。

(20) '[\u4e00-\u9fa5]':匹配给定字符串中所有汉字。

(21) '^\d{18}|d{15}$':检查给定字符串是否为合法身份证格式。

(22) '\d{4}-\d{1,2}-\d{1,2}':匹配指定格式的日期,例如 2017-08-01。

(23) '^(?=.*[a-z])(?.*[A-Z])(?=.*\d)(?=.*[,._]).{8,}$':检查给定字符串是否为强密码,必须同时包含英语大写字母、英文小写字母、数字或特殊符号(如英文逗号、英文句号、下画线),并且长度必须至少 8 位。

(24) "(?!.*[\'\"\/;=%?]).+":如果给定字符串中包含'、"、/、;、=、%、? 则匹配失败,关于子模式语法请参考表 4-2。

(25) '(.)\\1+':匹配任意字符的一次或多次重复出现。

在具体构造正则表达式时,要注意到可能会发生的错误,尤其是涉及特殊字符的时候,例如下面这段代码,作用是用来匹配 Python 程序中的运算符,但是因为有些运算符与正则表达式的元字符相同而引起歧义,如果处理不当则会造成理解错误,需要进行必要的转义处理。

【例 4-16】 字符串转义处理示例。

```
>>> import re
>>> symbols = [',', '+', '-', '*', '/', '//', '**', '>>', '<<', '+=', '-=', '*=', '/=']
>>> for i in symbols:
    patter = re.compile(r'\s*'+i+r'\s*')
error: multiple repeat
>>> for i in symbols:
    patter = re.compile(r's*'+re.escape(i)+r'\s*')
正常执行
```

4.2.2 re 模块主要方法

在 Python 中,主要使用 re 模块来实现正则表达式的操作。该模块的常用方法如表 4-4 所示,具体使用时,既可以直接使用 re 模块的方法进行字符串处理,也可以将模式编译为正则表达式对象,然后使用正则表达式对象的方法来操作字符串。

表 4-4 re 模块常用方法

方　　法	功能说明
compile(pattern[, flags])	创建模式对象
search(pattern, string[, flags])	在整个字符串中寻找模式,返回 match 对象或 None
match(pattern, string[, flags])	从字符串的开始处匹配模式,返回 match 对象或 None
findall(pattern, string[, flags])	列出字符串中模式的所有匹配项
split(pattern, string[, maxsplit=0]	根据模式匹配项分隔字符串
sub(pat, repl, string[, count=0])	将字符串中所有 pat 的匹配项用 repl 替换
escape(string)	将字符串中所有特殊正则表达式字符转义

其中,函数参数 flags 的值可以是 re.I(忽略大小写)、re.L、re.M(多行匹配模式)、re.S(使元字符“.”匹配任意字符,包括换行符)、re.U(匹配 Unicode 字符)、re.X(忽略模式中的空格,并可以使用#注释)的不同组合(使用“|”进行组合)。

【例 4-17】 使用 re 模块的方法来实现正则表示操作。

```
>>> import re
>>> text = 'apple.peach....banana. pear'
>>> re.split('[\.]+', text)
['apple', 'peach', 'banana', 'pear']
>>> re.split('[\.]+', text,maxsplit = 2)              #分隔两次
['apple', 'peach', 'banana. pear']
>>> pat = '[a-zA-Z]+'
>>> re.findall(pat, text)                             #查找所有单次
['apple', 'peach', 'banana', 'pear']
>>> pat = '{name}'
>>> text = 'Dear {name}...'
>>> re.sub(pat, 'Mrs.Liu', text)                      #字符串替换
'Dear Mrs.Liu...'
>>> s = 'a s d'
>>> re.sub('a|s|d', 'good',s)                         #字符串替换
'good good good'
>>> re.escape('http://www.dlufl.edu.cn')              #字符串转义成功
'http\\:\\/\\/www\\.dlufl\\.edu\\.cn
>>> print re.match('done|quit','done')                #匹配成功
<_sre.SRE_Match object at 0x000000000A50BED0>
>>> print re.match('done|quit','done!')               #匹配成功
<_sre.SRE_Match object at 0x000000000A50F168
>>>> print re.match('done|quit','doe!')               #匹配不成功
None
>>>> print re.search('done|quit','d!one!done')        #匹配成功
<_sre.SRE_Match object at 0x000000000A50F780>
```

【例 4-18】 删除字符串中多余的空格,连续多个空格只保留一个。

```
>>> import re
>>> s = 'aaa   bb    c d e   fff  '
>>> re.sub('\s+',' ',s)                    #直接使用 re 模块的字符串替换方法
'aaa bb c d e fff '
>>> re.split('[\s]+',s.strip())            #同时删除了字符串尾部的空格
['aaa', 'bb', 'c', 'd', 'e', 'fff']
>>> ' '.join(re.split('[\s]+',s.strip()))
'aaa bb c d e fff'
>>> ' '.join(re.split('\s+',s.strip()))
'aaa bb c d e fff'
>>> s.split()                              #不适用正则表达式
['aaa', 'bb', 'c', 'd', 'e', 'fff']
>>> ' '.join(s.split())
'aaa bb c d e fff'
```

【例 4-19】 以"\"开头的元字符来实现字符串的特定搜索。

```
>>> import re
>>> words = 'A bird is known by its note, and a man by his talk. '
>>> re.findall('\\ba.+?\\b',words)          #以 a 开头的完整单词
['and', 'a ']
>>> re.findall('\\ba\w*\\b',words)
['and', 'a']
>>> re.findall('\\Bn.+?\\b',words)           #含有 n 字母的单词中第一个非首字母 n 的剩余
部分
['nown', 'nd', 'n ']
>>> re.findall(r'\b\w.+?\b',words)          #使用原始字符串,减少需要输入的符号
['A ','bird', 'is','known', 'by','its','note','and', 'a ','man','by','his','talk']
>>> re.split('\s',words)
['A ','bird', 'is','known', 'by','its','note','and', 'a ','man','by','his','talk.', '']
#使用任何空白字符分隔字符串
```

4.2.3 使用正则表达式对象

compile()方法:将正则表达式编译,从生成正则表达式对象然后用正则表达式对象提供的方法进行字符串处理,使用编译后的正则表达式对象可以提高字符串处理速度。

match(string[, pos[, endpos]])方法:在字符串开头或指定位置进行搜索,模式必须出现在字符串开头或指定位置。

search(string[, pos[, endpos]])方法:在整个字符串或指定范围中进行搜索。

findall(string[, pos[, endpos]])方法:在字符串中查找所有符合正则表达式的字符串,返回列表形式。

【例 4-20】 使用正则表达式对象示例。

```
>>> import re
>>> words = 'Knowledge is a treasure, but practice is the key to it. '
>>> pat = re.compile(r'\bK\w+\b')          #以 K 开头的单词
>>> pat.findall(words)
```

```
['Knowledge']
>>> pat = re.compile(r'\w+e\b')            #以e结尾的单词
>>> pat.findall(words)
['Knowledge', 'treasure', 'practice', 'the']
>>> pat = re.compile(r'\b[a-zA-Z]{3}\b')   #查找3个字母的单词
>>> pat.findall(words)
['but', 'the', 'key']
>>> pat.match(words)                       #从字符串开头开始匹配,不成功,没有返回值
>>> pat.search(words)                      #在整个字符串中搜索,成功
<_sre.SRE_Match at 0xa4caac0>
>>> pat = re.compile(r'\b\w*a\w*\b')       #查找所有含有字母a的单词
>>> pat.findall(words)
['a', 'treasure', 'practice']
>>> text = 'He was carefully distuised but captured quickly by police.'
>>> re.findall(r"\w+ly",text)              #查找所有副词
['carefully', 'quickly']
```

4.2.4 子模式与 match 对象

使用圆括号“()”表示一个子模式,圆括号内的内容作为一个整体出现,例如“(good)+”可以匹配 goodgood、goodgoodgood 等多个重复 good 的情况。

正则表达式模块或正则表达式对象的 match()方法和 search()方法匹配成功后都会返回 match 对象。match 对象的主要方法有:

group():返回匹配的一个或多个子模式内容。

groups():返回一个包含匹配的所有子模式内容的元组。

groupdict():返回包含匹配的所有命名子模式内容的字典。

start():返回指定子模式内容的起始位置。

end():返回指定子模式内容的结束位置的前一个位置。

span():返回一个包含指定子模式内容起始位置和结束位置前一个位置的元组。

【例 4-21】 使用 re 模块的 search()方法返回的 match 对象删除字符串中指定的内容。

```
>>> import re
>>> email = "12345@mail.dlufl.edu.cn"
>>> m = re.search("mail.",email)
>>> email[:m.start()] + email[m.end():]
'12345@dlufl.edu.cn'
```

【例 4-22】 使用 re 模块的 match 方法示例。

```
>>> m = re.match(r"(\w+) (\w+)","Isaac Newton,physicist")
>>> m.group(0)                             #返回整个模式内容
'Isaac Newton'
>>> m.group(1)                             #返回第1个子模式内容
'Isaac'
>>> m.group(2)                             #返回第2个子模式内容
'Newton'
>>> m.group(1,2)                           #返回指定的多个子模式内容
```

```
('Isaac', 'Newton')
>>> m = re.match(r"(?P<first_name>\w+) (?P<last_name>\w+)","Michael Jordan")
>>> m.group('first_name')
'Michael'
>>> m.group('last_name')
'Jordan'
>>> m = re.match(r"(\d+)\.(\d+)","3.1415926")
>>> m.groups()
('3', '1415926')
>>> m = re.match(r"(?P<first_name>\w+) (?P<last_name>\w+)","Michael Jordan")
>>> m.groupdict()
{'first_name': 'Michael', 'last_name': 'Jordan'}
```

4.3 本章小结

在 Python 中,字符串属于不可变序列类型,使用单引号、双引号、三单引号或三双引号作为界定符,并且不同的界定符之间可以互相嵌套。字符串不支持任何方法来直接修改字符串的内容。

字符串的 split()和 rsplit()方法分别用来以指定字符为分隔符,从字符串左端和右端开始将其分隔成多个字符串,并返回包含分隔结果的列表;join()方法用来将列表中多个字符串进行连接,并在相邻两个字符之间插入指定字符。

正则表达式是字符串处理的有力工具和技术,可以快速实现字符串的复杂处理。我们可以直接使用 re 模块的方法来进行字符串处理,也可以将模式编译为正则表达式对象,然后使用正则表达式对象的方法来处理字符串。正则表达式中的子模式是作为一个整体来对待的,使用子模式扩展语法可以实现更加复杂的字符串处理要求。

4.4 上机实验

上机实验 1 字符串的格式化

【实验目的】 掌握字符串的格式化方法。

【实验内容及步骤】 以列表作为存储数据结构,实现打印输出一年 12 个月,一周 7 天。

将字符串元素'Monday','Tuesday','Wednesday','Thursday','Friday','Saturday','Sunday'存放在列表 DaysOfWeek 中。

```
>>> DaysOfWeek = ['Monday', 'Tuesday', 'Wednesday', 'Thursday', 'Friday', 'Saturday', 'Sunday']
```

将字符串元素'Jan','Feb','Mar','Apr','May','Jun','Jul','Aug','Sep','Oct','Nov','Dec'存放在列表 Months 中。

```
>>> Months = ['Jan', 'Feb', 'Mar', 'Apr', 'May', 'Jun', 'Jul', 'Aug', 'Sep', 'Oct', 'Nov', 'Dec']
```

以字符串格式打印输出列表 DaysOfWeek 和列表 Months。

```
>>> print "DAYS: %s, MONTHS: %s" % (DaysOfWeek, Months)
```

运行结果：

```
DAYS: ['Monday', 'Tuesday', 'Wednesday', 'Thursday', 'Friday', 'Saturday', 'Sunday']
MONTHS: ['Jan', 'Feb', 'Mar', 'Apr', 'May', 'Jun', 'Jul', 'Aug', 'Sep', 'Oct', 'Nov', 'Dec']
```

上机实验 2　字符串的切片操作

【实验目的】 掌握字符串的切片操作。

【实验内容及步骤】 编写程序，输出给定字符串"Good luck"中的第 6～9 位置上的内容，再将原字符串第 6 个元素替换为大写的字母"L"并输出替换后的字符串。

将字符串"Good luck"赋值给 text。

```
>>> text = "Good luck"
```

对字符串 text 进行切片操作，取第 6～9 位置上的内容，字符串正向索引从 0 开始，切片操作包括开始下标，但不包括结束下标，因此此处为 text[5:9]，再以字符串形式打印输出。

```
>>> print "%s" % text[5:9]
```

使用 replace(old, new[, count])，替换字符串中指定字符，返回所有匹配项均被替换之后得到的字符串。

```
>>> str = text.replace(text[5], 'L')
```

打印输出字符串 str。

```
>>> print str
```

运行结果：

```
luck
'Good Luck'
```

上机实验 3　字符串的拆分操作

【实验目的】 掌握字符串的拆分操作。split(sep = None, maxsplit = −1)：按指定字符(默认为空格)从左侧分隔字符串，返回包含分隔结果的列表。maxsplit 为最大分隔数，即将字符串分隔成指定的 maxsplit 段，如果 maxsplit 没有指定或等于−1，那么就没有限制分隔的数量。

【实验内容及步骤】 统计字符串"May the beauty and joy of New Year remain with you throughout the new year!"中单词的个数，注意：单词之间有空格。

```
>>> sentence = "May the beauty and joy of New Year remain with you throughout the new year!"
>>> words = sentence.split()
>>> print "sentence: %s, length of sentence: %s" % (sentence, len(words))
```

运行效果如下：

```
sentence: May the beauty and joy of New Year remain with you throughout the new year!
length of sentence: 15
```

上机实验 4　字符串的拆分和连接操作

【实验目的】 掌握字符串的拆分和连接操作。

【实验内容及步骤】 编写程序，检查"Today is sundy sundy."重复的单词并只保留一个。

创建字符串 str_old。

```
>>> str_old = "Today is sundy sundy."
```

将句子拆分为单词，存储在列表 words 中。

```
>>> words = str_old.split()
```

创建空列表 lst。

```
>>> lst = []
```

逐个判断列表 words 中的每个单词是否已经存在列表 lst 中，如果该单词是第一次出现，则加入列表 lst 中存储。

```
>>> for w in words:
>>>     if not w in lst:
>>>         lst.append(w)
```

对列表 lst 中的所有单词字符串进行连接。

```
>>>  str_new = " ".join(lst)
>>> print "str_old: %s, str_new: %s" % (str_old, str_new)
```

运行结果：

```
str_old: "Today is sundy sundy."
str_new: "Today is sundy."
```

上机实验 5　正则表达式

【实验目的】 使用正则表达式 findall(string[, pos[, endpos]])方法，在字符串中查找所有符合正则表达式的字符串，返回列表形式。

【实验内容及步骤】 编写程序，匹配一段文本'123@126.comaaa@163.combbb@126.comccc12345@adfcom'中的有效邮箱，并输出结果。

将该段文本以字符串格式赋值给 x。

```
>>> x = '123@126.comaaa@163.combbb@126.comccc12345@adfcom'
```

导入正则表达式模块 re。

```
>>> import re
```

在字符串 x 中查找所有含有@qq 或@163 或@126 的子字符串，并作为元素存储在字符串 email_lst 中。

```
>>> email_lst = re.findall('\w+@(?:qq|163|126).com',x)
```

打印输出字符串 email_lst。

```
>>> print email_lst
```

运行结果：

```
['123@126.com', 'aaa@163.com', 'bbb@126.com']
```

习题 4

一、单项选择题

1. 设 s = "Happy New Year",则 s[3:8]的输出结果是(　　)。

   A. 'ppy Ne'　　B. 'py Ne'　　C. 'ppy N'　　D. 'py New'

2. 执行语句 s= "hi"; print "hi", 2 * s 后的输出结果是(　　)。

   A. hihihi　　B. "hi" hihi　　C. hi hihi　　D. hi hi hi

3. 执行语句 s="GOOD MORNING"; print s[3:-4]后的显示结果是(　　)。

   A. D MOR　　B. D MORN　　C. OD MOR　　D. OD MORN

4. Python 语句 s1='red hat'; print s1.upper()的输出结果是(　　)。

   A. Red hat　　B. Red Hat
   C. RED HAT　　D. rED HAT

5. Python 语句 s1='red hat'; s1.swapcase()的输出结果是(　　)。

   A. Red hat　　B. Red Hat
   C. RED HAT　　D. rED HAT

6. Python 语句 s1='red hat'; s1.title()的输出结果是(　　)。

   A. Red hat　　B. Red Hat
   C. RED HAT　　D. rED HAT

7. Python 语句 s1='red hat'; s1.replace('hat', 'cat')的输出结果是(　　)。

   A. 'red cat'　　B. Red Hat
   C. 'red hat', 'red cat'　　D. 'Red Cat'

8. Python 语句 s='abc';s.zfill(7)的输出结果是(　　)。

   A. 'abc0000'　　B. '0000abc'
   C. 'abc   '　　D. '   abc'

9. Python 语句 s='abc'; s.center(7,' ')的输出结果是(　　)。

   A. '00abc00'　　B. ' abc '
   C. 'abc0000'　　D. '0000abc'

10. Python 语句 s1='a, b, c';s1.split(',')的输出结果是(　　)。

    A. ['abc']　　B. [a, b, c]
    C. ['a', 'b', 'c']　　D. ('a', 'b', 'c')

11. Python 语句 s1='a, b, c';s1.rsplit(',', 1)的输出结果是(　　)。

    A. ['a', 'b', 'c']　　B. ['a, b', 'c']
    C. ['a', 'b, c']　　D. [a, b, c]

12. Python 语句 s1='a, b, c'; s1.partition(',')的输出结果是(　　)。

A. ('a', ',', 'b, c')　　B. ('a, b', ',', 'c')

C. (',', 'a', 'b, c')　　D. ('a', 'b, c', ',')

13. Python 语句'This is my kingdom'. replace('is','eez')的输出结果是(　　)。

A. 'Theez is my kingdom'　　B. 'Theez eez my kingdom'

C. 'Thiseez iseez my kingdom'　　D. 'This is my kingdom'

14. Python 语句'hello' + 'world'的输出结果是(　　)。

A. 'helloworld'　　B. 'hello' 'world'

C. 'hello' +'world'　　D. 'hello', a'world'

15. Python 语句 s='\n\nNice\t\t to \n\n\n meet you!';s. split(None, 2)的输出结果是(　　)。

A. ['Nice', 'to', 'meet', 'you!']　　B. ['Nice to', 'meet', 'you!']

C. ['Nice', 'to', 'meet you!']　　D. ['\n\nNice\t\t to', 'meet', 'you!']

16. Python 语句 x = "hello world"; print x. startswith('hea')的输出结果是(　　)。

A. True　　B. False　　C. 0　　D. 1

17. Python 语句 s = "hello world"; print x. endswith('o',0,5)的输出结果是(　　)。

A. True　　B. False　　C. 0　　D. 1

18. 已知 path = r'c:\test. html',那么表达式 path[:−4]+'htm'的值为(　　)。

A. 'c:\test. htm'　　B. 'c:\\test. htm'

C. 'c:\test', 'htm'　　D. 'c:\\test', htm'

19. Python 表达式'abcabcabc'. rindex('abc')的值为(　　)。

A. 0　　B. 1　　C. 2　　D. 6

20. Python 表达式':'. join('abcdefg'. split('cd'))的值为(　　)。

A. 'abefg'　　B. 'ab:efg'　　C. 'ab,efg'　　D. 'ab', 'efg'

21. Python 表达式 len('abc'. ljust(20))的值为(　　)。

A. 3　　B. 10　　C. 20　　D. 23

22. Python 表达式'Hello world!'[−4:]的值为(　　)。

A. 'r'　　B. 'o'

C. 'rld!'　　D. 'orld'

23. Python 表达式'abcab'. strip('ab')的值为(　　)。

A. 'cab'　　B. 'c'　　C. 'ab', 'c', 'ab'　　D. 'abc'

24. 已知 x = 'abcdefg',则表达式 x[3:] + x[:3]的值为(　　)。

A. 'cdefgabcd'　　B. 'defgabc'

C. 'cdefg', 'abcd'　　D. 'defg', 'abc'

二、多项选择题

1. 关于 Python 字符串,下列说法正确的是(　　)。

A. 字符即长度为 1 的字符串

B. 字符串以\0 标识字符串的结束

C. 既可以用单引号,也可以用双引号创建字符串

D. 在三引号字符串中可以包含换行回车等特殊字符

E. 字符串是可变序列类型

2. 字符串支持的基本操作包括(　　)。

A. 索引访问　　B. 切片操作　　C. 连接操作　　D. 重复操作

E. 查找操作

3. 可以实现字符串查找的方法包括(　　)。

A. find()　　B. replace()　　C. index()　　D. count()

E. eval()

4. Python 字符串可以用(　　)方式定义。

A. 单引号(' ')　　B. 双引号(" ")

C. 三单引号(''' ''')　　D. 三双引号(""" """)

E. 方括号([ ])

5. Python 中的可变数据类型有(　　)。

A. 列表　　B. 字典　　C. 字符串　　D. 数字

E. 元组

6. Python 中的不可变数据类型有(　　)。

A. 列表　　B. 字典　　C. 字符串　　D. 数字

E. 元组

7. Python 中属于有序序列有(　　)。

A. 列表　　B. 字典　　C. 字符串　　D. 数字

E. 元组

8. 以下说法正确的是(　　)。

A. 正则表达式元字符“^”一般用来表示从字符串开始处进行匹配

B. 正则表达式元字符“^”用在一对方括号中的时候则表示反向匹配

C. 正则表达式元字符“\s”用来匹配任意空白字符

D. 正则表达式元字符“\d”用来匹配任意数字字符

E. 正则表达式元字符“*”用来匹配位于*之前的字符或子模式的1次或多次出现

9. 关于字符串下列说法正确的是(　　)。

A. 字符应该视为长度为1的字符串

B. 字符串以\0标识字符串的结束

C. 既可以用单引号,也可以用双引号创建字符串

D. 在三引号字符串中可以包含换行回车等特殊字符

10. 以下能创建一个字典的语句是(　　)。

A. dict1 = {}　　B. dict2 = { 3 : 5 }

C. dict3 = {[1,2,3]: "uestc"}　　D. dict4 = {(1,2,3): "uestc"}

三、判断题

1. 由于引号表示字符串的开始和结束,所以字符串本身不能包含引号。(　　)

2. 字符串属于不可变序列类型。(　　)

3. 字符串连接操作时使用运算符(+)连接字符串效率较低,应优先使用 join()方法。 ( )

4. 表达式'aaasdf'.lstrip('af')的值为'sdf'。 ( )

5. 表达式'aaasdf'.lstrip('as')的值为'df'。 ( )

6. 表达式'abc10'.isalpha()的值为 True。 ( )

7. 已知 table = maketrans('abcw', 'xyzc'),那么表达式'Hellow world'.translate(table)的值为'Helloc world'。 ( )

8. 'Hello world'.swapcase().swapcase()的值为'Hello world'。 ( )

9. 'abcdefg'.split('d')的值为['abc', 'efg']。 ( )

10. Python 语句'%8.3f ' % pi 的含义是字符宽度为 8,精度为 3 的 pi。 ( )

11. 函数 eval()用于数值表达式求值,例如 eval(2 * 3+1)。 ( )

12. 下面的程序段是错的: temp = 42; print "The temperature is" + temp; ( )

13. '[a-zA-Z0-9]'可以匹配一个任意大小写字母或数字。 ( )

14. 最简单的正则表达式是普通字符串,可以匹配自身。 ( )

15. '(pattern)'+:只允许模式重复 0 次或多次。 ( )

16. isalpha()方法用于判断字符串是否全为字母,是则返回 True。 ( )

17. '^\d{18}|d{15}$'可用于检查给定字符串是否为合法身份证格式。 ( )

18. 表达式 r'c:\windows\notepad.exe'.endswith(('.jpg', '.exe'))的值为 True。 ( )

19. 已知 x = '123'和 y = '456',那么表达式 x + y 的值为'123456'。 ( )

20. 已知 x = 123 和 y = 456,那么表达式 eval('x+y')的值为 579。 ( )

21. 表达式'abc.txt'.endswith(('.txt', '.doc', '.jpg'))的值为 False。 ( )

22. 表达式'abc' in ['abcdefg']的值为 True。 ( )

23. 只能对列表进行切片操作,不能对元组和字符串进行切片操作。 ( )

24. 字符串属于 Python 有序序列,与列表、元组一样都支持双向索引。 ( )

第 5 章 字典和集合

5.1 字　　典

第 3 章介绍了列表和元组。在把一个数据集存储到列表或元组中后，可以通过索引值来访问某一数据。但这种通过 0、1、2 等索引来访问数据的方式，有时并不方便。如存储一个电话簿，如果使用列表可以做如下定义：

```
>>> phonebook = ['13600000001', '13600000002', '13600000003', '13600000004']
```

不难发现，使用这个电话簿，可以很容易地通过索引值来寻找第几个电话号码。但是在实际应用中，往往是通过人名来寻找电话号码的。如果想要使用列表来实现这样的功能，就需要做如下较复杂的定义：

```
>>> name = ['张三', '李四', '王五', '陈六']
>>> number = ['13600000001', '13600000002', '13600000003', '13600000004']
```

当这个电话簿建立以后，可以通过下面的语句来获得某人的电话号码：

```
>>> number[name.index('张三')]
```

通过上例不难看出，这种需要通过非索引值来访问的数据集，用列表或元组来实现并不是很理想。而解决这个问题，最合适的方法是使用字典。字典是 Python 提供的一种映射类型。所谓映射指的是两个数据集中元素之间的对应关系，如上例中的“张三”对应“13600000001”“李四”对应“13600000002”。为了表示这种映射关系，字典分别定义了键(Key)和值(Value)，也就是说，一个字典里的元素将由键和值两部分组成。显然，上例中的“张三”应该是一个键，而“13600000001”是其所对应的值，这样就可以通过键来寻找值了。相较于索引，键更加多样也更加灵活，大多数 Python 的数据类型都可以作为键，它可以是数字、字符串和元组等，而且它没有顺序上的要求。唯一需要注意的是，键是不能重复的，也就是说，在电话簿里不能出现两个“张三”，而值并没有这样的限制。

【注意】 *准确地说，是所有可哈希(hashable)的数据类型都可以作为键(Key)。*

5.1.1 字典的创建与删除

创建字典的一般形式如下：

```
dict = { Key1 :Value1,Key2 : Value2,  ... }
```

字典由大括号“{}”包裹，字典元素之间用逗号“,”分隔，每一个元素中用冒号“:”分隔键和值。

下列语句可以定义一个空字典。

```
>>> emptydict = {}
```

将上例中的电话簿改为字典,可做如下定义:

```
>>> phonebook = {'张三':'13600000001', '李四':'13600000002', '王五':'13600000003', '陈六':
'13600000004'}
```

字典的删除分为删除字典中的某一个元素和删除整个字典。这两种操作都可以使用关键字 del 来完成。删除字典的操作如下所示:

```
>>> del dict          # 删除字典
>>> del dict[Key]  # 删除字典中 Key 所对应的元素
```

此外,还可以清空字典,即将非空字典设置为空字典。清空字典需要用到 dict 类的一个 clear()方法,该方法的原型如下:

```
dict .clear()
```

该方法没有参数也没有返回值。其具体操作如下所示:

```
>>> dict .clear()
```

【注意】 类的方法的使用和函数是一样的,可理解为它是一个函数名加了“类名.”的函数。

清空字典和删除字典是不一样的。前者将 dict 转换成一个空字典,此时 dict 还存在只是里面的元素没有了。而后者彻底删除 dict,此时 dict 已经不存在了。

【例 5-1】 演示字典的创建与删除。

```
#代码 5-1,字典的创建与删除

#定义一个空字典
phonebook = {}
print phonebook

#定义一个具有四个字典元素的字典
phonebook = {'Olivia':'13600000001', 'Kate':'13600000002', 'George':'13600000003', 'Harley':
'13600000004'}
print phonebook

#删除键"Olivia"所对应的元素
del phonebook['Olivia']
print phonebook

#清空字典
phonebook.clear()
print phonebook

#删除字典
del phonebook
print phonebook
```

该段代码的运行结果如图 5-1 所示。

```
'''
===================== RESTART: F:/Python教材/代码5-1.py =====================
{}
{'Harley': '13600000004', 'Olivia': '13600000001', 'Kate': '13600000002', 'George': '13600000003'}
{'Harley': '13600000004', 'Kate': '13600000002', 'George': '13600000003'}
{}

Traceback (most recent call last):
  File "F:/python教材/代码5-1.py", line 11, in <module>
    print phonebook
NameError: name 'phonebook' is not defined
>>> |
```

图 5-1　代码 5-1 的运行结果

在上述代码中，使用了关键字 print，它在这里的作用是输出字典里的所有字典元素。上述代码执行到最后时，因为已经使用关键字 del 删除了字典，所以再次使用 print 输出字典里的所有元素时，系统会产生一个 NameError 的错误。

【注意】 在 IDLE 中执行代码时，遇到一个错误后，系统会停止运行。也就是说，当遇到一个错误，其后面的代码不会执行到。

5.1.2　字典元素的访问

因为存在键和值的对应关系，所以在字典中，通过键来访问值特别的方便。字典元素的访问与列表类似，只不过在中括号“[ ]”里面添加的是键。这样就可以访问键所对应的值了，一般形式如下所示：

```
>>> dict[Key]
```

在使用中括号“[ ]”访问字典元素时有这样一个问题：如果在中括号“[ ]”中，输入了字典里不存在的键，那么就会产生一个 KeyError 错误，即键不存在错误。

【例 5-2】 演示使用中括号“[ ]”访问字典元素和产生 KeyError 错误的情况。

```
#代码 5-2,使用"[]"访问字典元素

#定义字典 phonebook
phonebook = {'Olivia':'13600000001', 'Kate':'13600000002', 'George':'13600000003', 'Harley':
'13600000004'}

#使用"[]"访问键"Olivia"和"Harley"所对应字典元素
print phonebook['Olivia']
print phonebook['Harley']

#使用"[]"访问不存在的键"Abel"
print phonebook['Abel']
```

该段代码的运行结果如图 5-2 所示。

```
===================== RESTART: F:\Python教材\代码5-2.py =====================
13600000001
13600000004

Traceback (most recent call last):
  File "F:\python教材\代码5-2.py", line 12, in <module>
    print phonebook['Abel']
KeyError: 'Abel'
>>>
```

图 5-2　代码 5-2 的运行结果

上述代码执行时，可以正常访问键"Olivia"和"Harley"所对应的值"13600000001"和"13600000004"，但当访问键"Abel"所对应的字典元素时，就会产生 KeyError 错误，因为键"Abel"不存在于字典 phonebook 中。

为了避免 KeyError 错误的产生，可以采用两种方法：其一是，使用 dict 类的一个 get() 方法访问字典里的元素；其二是，预先使用关键字 in，判断键是否包含在字典中。

get()方法是 python 提供的另一种用来访问字典元素的方式。相较于中括号"[ ]"的访问方式，get()方法更加宽松。因为中括号"[ ]"的访问方式，在中括号"[ ]"中不允许输入不存在的键，如果输入了不存在的键，就会产生键不存在的错误。而 get()方法并没有这样的限制，即使输入了不存在的键，也会返回一个 None。get()方法的原型如下所示：

```
dict .get(key[, default])
```

其中，参数 key 对应键；default 是可选参数，当 key 不存在时返回 default，默认为 None；返回值，当 key 存在时返回 key 所对应的值，当 key 不存在时返回 default。

关键字 in 的功能很强大。当在字典中使用它时，可以用来判断一个键是否被包含在该字典中。如果键包含在字典中，会返回一个逻辑值 True；否则会返回一个逻辑值 False。关键字 in 的一般形式如下所示：

```
Key in dict
```

【例 5-3】 演示字典元素的访问。

```
#代码 5-3，字典元素的访问
#定义字典 phonebook
phonebook = {'Olivia':'13600000001', 'Kate':'13600000002', 'George':'13600000003', 'Harley':
'13600000004'}

#使用关键字 in 和"[]"访问键"Olivia"和"Harley"所对应字典元素
if 'Olivia' in phonebook:
    print phonebook['Olivia']
if 'Harley' in phonebook:
    print phonebook['Harley']
if 'Abel' in phonebook:
    print phonebook['Abel']

#使用 get()方法访问键"Olivia"和"Harley"所对应字典元素
print phonebook.get('Olivia')
print phonebook.get('Harley')

#使用 get()方法访问不存在的键"Abel"
print phonebook.get('Abel')
```

该段代码的运行结果如图 5-3 所示。

在上述代码中，使用了关键字 if。它在这里的作用是，如果关键字 in 返回 True 就访问键所对应的字典元素，如果返回 False 就不访问。上述代码执行时，无论是使用"[]"还是使用 get()方法，都可以正常访问字典中已存在的键。但当访问不存在的键"Abel"时，使用 get()方法代码可以继续运行，而如果使用"[]"将产生错误。

```
===================== RESTART: F:\Python教材\代码5-3.py =====================
13600000001
13600000004
13600000001
13600000004
None
>>>
```

图 5-3 代码 5-3 的运行结果

5.1.3 字典元素的修改与添加

字典创建以后，如果想要修改某个键所对应的值，需要使用运算符等号“=”。一般形式如下所示：

```
dict[Key] = Value
```

与字典元素的访问不同，如果此时键并不存在于字典中，那么该键和所对应的值会作为新元素添加到字典中。也就是说，当键存在时会修改原来的值，当键不存在时会添加该元素。

【例 5-4】 演示字典元素的修改与添加。

```
#代码 5-4,字典元素的修改与添加

#定义字典 phonebook
phonebook = {'Olivia':'13600000001', 'Kate':'13600000002', 'George':'13600000003'}
print phonebook

#修改"Harley"所对应字典元素
phonebook['Olivia'] = '15100000001'
print phonebook

#添加一个新的字典元素
phonebook['Olivia'] = '13100000004'
print phonebook
```

该段代码的运行结果如图 5-4 所示。

```
===================== RESTART: F:/Python教材/代码5-4.py =====================
{'Olivia': '13600000001', 'Kate': '13600000002', 'George': '13600000003'}
{'Olivia': '15100000001', 'Kate': '13600000002', 'George': '13600000003'}
{'Harley': '13100000004', 'Olivia': '15100000001', 'Kate': '13600000002', 'George': '13600000003'}
>>> |
```

图 5-4 代码 5-4 的运行结果

使用等号“=”运算符可以方便地修改或添加某一个字典元素。但当修改或添加的元素很多时，这种做法就不太方便了。此时，可以使用 dict 类的 update()方法，批量更新字典元素。update()方法的具体做法是使用一个字典 A 更新另一个字典 B。对于那些键在字典 A 和字典 B 里都存在的字典元素，用字典 A 里的值修改字典 B 里的值；对于那些键只存在于字典 A 中的字典元素，作为新的字典元素添加到字典 B 中。update ()方法的原型如下所示：

```
dict.update([other])
```

其中,other 是可选参数,表示另一个字典;如果 other 存在返回更新后的字典,否则返回 None。

【例 5-5】 演示使用 update()方法批量更新字典元素。

```
#代码 5-5,使用 update()方法批量更新字典元素

#定义字典 phonebookA、phonebookB
phonebookA = {'Harley':'13600000004', 'Olivia':'15100000001', 'Kate':'15100000002', 'George'
:'15100000003'}
phonebookB = {'Olivia':'13600000001', 'Kate':'13600000002', 'George':'13600000003'}
print('phonebookA: %s' % phonebookA)
print('phonebookB: %s' % phonebookB)

#使用 update()方法批量更新字典元素
phonebookB.update(phonebookA)
print('new phonebookB: %s' % phonebookB)
```

该段代码的运行结果如图 5-5 所示。

```
===================== RESTART: F:/Python教材/代码5-5.py =====================
phonebookA:     {'Olivia': '15100000001', 'Kate': '15100000002', 'George': '15100000003', 'Harley': '13600000004'}
phonebookB:     {'Olivia': '13600000001', 'Kate': '13600000002', 'George': '13600000003'}
new phonebookB: {'Olivia': '15100000001', 'Harley': '13600000004', 'Kate': '15100000002', 'George': '15100000003'}
>>>
```

图 5-5 代码 5-5 的运行结果

在上述代码中,使用 print()函数的作用是在输出字典所有元素之前输出一些诸如"phonebookA:"之类的字符串。此外,该代码中也可以不定义字典 phonebookA,直接使用如下的写法:

```
phonebookB.update({'Harley':'13600000004', 'Olivia':'15100000001', 'Kate':'15100000002',
'George':'15100000003'})
```

5.1.4 有序字典

在使用字典时,有这样一个问题:字典元素的存储和输出顺序与输入顺序并不一致。代码 5-6 演示了这种情况。

【例 5-6】 演示字典元素的存储无序性。

```
#代码 5-6,字典元素的存储无序性

#定义字典 phonebook
phonebook = {'Kate':'13600000001', 'Olivia':'13600000002', 'George':'13600000003'}
print phonebook

#添加一个新的字典元素
phonebook['Greg'] = '13100000004'
phonebook['Haley '] = '13100000005'

print phonebook
```

该段代码的运行结果如图 5-6 所示。

```
==================== RESTART: F:/Python教材/代码5-6.py ====================
{'Olivia': '13600000002', 'Kate': '13600000001', 'George': '13600000003'}
{'Greg': '13100000004', 'Olivia': '13600000002', 'Kate': '13600000001', 'Haley ': '13100000005', 'George': '13600000003'}
>>> |
```

图 5-6　代码 5-6 的运行结果

对比上述代码的运行结果不难发现，字典元素的输出顺序与创建字典和添加新元素时的顺序是没有直接关系的，甚至和键的大小顺序也没有直接关系。这样，当需要字典元素的存储和输出顺序与输入顺序保持一致时，典型的字典就不能满足要求了。此时，需要使用有序字典(OrderedDict)。与典型的字典不同，有序字典(OrderedDict)并不是 Python 的内建数据类型，它被包含在容器模块(collections)中。因此，使用有序字典(OrderedDict)之前需要先导入容器模块(collections)。

【注意】 实际上，Python 的字典在底层是使用哈希表这种数据结构实现的，它的存储顺序与键的哈希值密切相关。

【例 5-7】 演示有序字典的使用。

```
#有序字典的使用

#导入容器模块
from collections import OrderedDict

#定义有序字典
phonebook = OrderedDict([('Kate', '13600000001'), ('Olivia', '13600000002'), ('George',
'13600000003')])
print phonebook

#添加字典元素
phonebook['Harry'] = '13600000004'
phonebook['Jeff'] = '13600000005'
print phonebook

#删除字典元素
del phonebook['Olivia']
print phonebook
```

该段代码的运行结果如图 5-7 所示。

```
==================== RESTART: F:/Python教材/代码5-7.py ====================
OrderedDict([('Kate', '13600000001'), ('Olivia', '13600000002'), ('George', '13600000003')])
OrderedDict([('Kate', '13600000001'), ('Olivia', '13600000002'), ('George', '13600000003'), ('Harry', '13600000004'), ('Jeff', '13600000005')])
OrderedDict([('Kate', '13600000001'), ('George', '13600000003'), ('Harry', '13600000004'), ('Jeff', '13600000005')])
>>> |
```

图 5-7　代码 5-7 的运行结果

在上述代码中，语句“from collections import OrderedDict”的作用是导入容器模块(collections)，如果没有该语句，系统会产生一个 NameError 错误。此外，由于有序字典(OrderedDict)不是 Python 的内建数据类型，所以不能像典型字典一样直接定义它，必须使用 OrderedDict()来定义。对比上述代码的运行结果不难发现，有序字典(OrderedDict)的输入顺序和创建时的顺序是一致的，而且每一次都是把新的字典元素添加到最后面。

5.2 集　　合

Python 中的集合与数学中的概念"集合"相一致，它是由一个或多个确定的元素所构成的整体。可以把它简单地理解为，一个只有键(Key)没有值(Value)的特殊字典；又或是无序、不可重复的列表。

5.2.1 集合的创建与删除

创建集合的一般形式如下：

```
set = {elem1 ,elem2,   … }
```

与字典一样，集合也由大括号"{}"包裹，集合元素之间用逗号","分隔。集合元素与字典里的键一样，也要求是可哈希的。

因为与字典一样，集合也由大括号"{}"包裹。所以如果直接使用大括号"{}"，系统会认为这里定义的是一个空字典而非空集合。因此，想要定义一个空集合就必须使用集合的构造方法 set()。set()方法的原型如下所示：

```
set.set([iterable])
```

其中，iterable 是可选参数，代表创建集合的元素；当 iterable 存在时，返回相应集合，当 iterable 不存在时，返回空集合。

定义一个空集合如下所示：

```
>>> emptyset = set()
```

与字典一样，删除整个集合可以使用关键字 del 来完成。其一般形式如下所示：

```
>>> del set #删除集合
```

而要删除集合中的某一个元素，需要使用 set 类的 remove()方法。该方法要求待删除的元素必须是集合里已经存在的，否则系统会产生一个 KeyError 错误。remove ()方法的原型如下所示：

```
set.remove(elem)
```

其中，参数 elem 表示要删除的元素；该方法没有返回值。

删除集合元素的一般形式如下所示：

```
>>> set.remove(elem ) #删除集合中的元素
```

而要彻底清空一个集合，需要使用 set 类的 clear()方法，该方法的原型如下：

```
set.clear()
```

该方法没有参数也没有返回值。其具体操作如下所示：

```
>>> set.clear() #清空集合
```

【例 5-8】 演示集合的创建与删除。

```
#代码 5-8,集合的创建与删除

#创建集合
emptyset = set({})
print emptyset
names = {'Harley','Olivia','Kate','George','Olivia' }
print names

#删除集合里的元素'Kate'
names.remove('Kate')
print names

#清空集合
names.clear()
print names

#删除集合
del names
```

该段代码的运行结果如图 5-8 所示。

```
===================== RESTART: F:/Python教材/代码5-8.py =====================
set([])
set(['Olivia', 'Kate', 'George', 'Harley'])
set(['Olivia', 'George', 'Harley'])
set([])
>>> |
```

图 5-8　代码 5-8 的运行结果

5.2.2　集合操作

1. 遍历集合

由于集合中的元素是无序的,并且没有"键-值"这种对应关系,所以很少单独访问一个集合元素,而经常需要访问所有集合元素,也就是遍历集合。遍历集合通常使用 for 语句。

【例 5-9】 演示集合的遍历。

```
#代码 5 - 9,集合的创建与删除

#创建集合
names = {'Harley','Olivia','Kate','George','Olivia'}

#遍历集合
for name in names:
    print name
```

该段代码的运行结果如图 5-9 所示。

```
===================== RESTART: F:/Python教材/代码5-9.py =====================
Olivia
Kate
George
Harley
>>> |
```

图 5-9　代码 5-9 的运行结果

对比上述代码的运行结果不难发现，由于集合中的元素是无序的，所以遍历集合的顺序和输入时的顺序并不一致。

2. 更新集合元素

在集合的创建与删除中已经提到了，要删除一个集合中的元素需要使用 remove()方法。但该方法要求待删除的元素必须是集合里已经存在的，否则系统会产生一个 KeyError 错误。因此，与字典类似，在删除一个元素之前，可以使用关键字 in 来判断该元素是否包含在集合内。而要添加一个新的元素到集合中，可以使用 set 类的 add()方法。add ()方法的原型如下所示：

```
set.add(elem)
```

其中，参数 elem 表示要添加的元素；该方法没有返回值。

此外，也可以使用 update()方法来批量更新集合。update ()方法的原型如下所示：

```
set.update( * others)
```

其中，other 表示另一个集合；返回更新后的集合。

【例 5-10】 演示集合的更新。

```
#代码 5 - 10,集合的更新

#创建集合
names = {'Harley','Olivia','Kate','George','Olivia'}
print names

#删除集合里的元素'Kate'
if 'Kate' in names:
    names.remove('Kate')
print names

#添加新的元素'Bob'
names.add('Bob')
print names

#批量更新集合
names.update({'Harley','Olivia','Don'})
print names
```

该段代码的运行结果如图 5-10 所示。

```
===================== RESTART: F:/Python教材/代码5-10.py =====================
set(['Olivia', 'Kate', 'George', 'Harley'])
set(['Olivia', 'George', 'Harley'])
set(['Bob', 'Olivia', 'George', 'Harley'])
set(['Olivia', 'Don', 'Bob', 'George', 'Harley'])
>>> |
```

图 5-10 代码 5-10 的运行结果

3. 集合的数学运算

在数学中，有一些针对集合的运算，如并、交、补等，Python 也为集合实现了这些操作。在 Python 中使用相应的操作符就可以完成这些操作：

(1) 联合(|),联合运算对应数学中的“并”,即把两个集合合并成一个新集合。

(2) 交集(&),交集运算对应数学中的“交”,即使用两个集合中共同存在的元素构造一个新集合。

(3) 补集(—),补集运算对应数学中的“补”,即使用只属于第一个集合而不属于第二个集合的元素构造一个新集合。

(4) 异或(^),异或运算对应数学中的“异或”,即使用只属于各自集合的元素构造一个新集合。

【例 5-11】 演示集合的数学运算。

```
#代码 5-11,集合的数学运算

#定义集合
a = {'a','b','c','d','1'}
b = {'1','2','3','4','a'}

#联合运算
print a | b

#交集运算
print a & b

#补集运算
print a - b

#异或运算
print a ^ b
```

该段代码的运行结果如图 5-11 所示。

```
===================== RESTART: F:/Python教材/代码5-11.py =====================
set(['a', 'c', 'b', 'd', '1', '3', '2', '4'])
set(['1', 'a'])
set(['c', 'b', 'd'])
set(['c', 'b', 'd', '3', '2', '4'])
>>>
```

图 5-11　代码 5-11 的运行结果

5.2.3　不可变集合

不可变集合(frozenset)是集合元素不可改变的集合。类似于元组,有时候希望集合里的元素不能随意更改,这就需要使用不可变集合。

创建不可变集合需要使用构造方法 frozenset()。frozenset ()方法的原型如下所示:

```
frozenset .frozenset ([iterable])
```

其中,iterable 是可选参数,代表创建不可变集合的元素;当 iterable 存在时,返回相应不可变集合,当 iterable 不存在时,返回空不可变集合。

由于不可变集合里的元素不能更改,所以所有涉及集合内元素更新的操作都不能应用到不可变集合上,一旦执行了这些操作,系统就会产生一个属性错误(AttributeError)。而其他操作与集合完全一致。

【例 5-12】 演示不可变集合的使用。

```
#代码 5-12,不可变集合

#创建集合
a = frozenset({'a','b','c','d','1'})
print a
b = frozenset({'1','2','3','4','a'})
print b

#不可变集合遍历
for i in a:
    print i

#不可变集合数学运算
print a | b
print a & b
print a - b
print a ^ b

#删除不可变集合
del a
b.clear()
```

该段代码的运行结果如图 5-12 所示。

```
==================== RESTART: F:/Python教材/代码5-12.py ====================
frozenset(['a', '1', 'c', 'b', 'd'])
frozenset(['1', 'a', '3', '2', '4'])
a
1
c
b
d
frozenset(['a', 'c', 'b', 'd', '1', '3', '2', '4'])
frozenset(['1', 'a'])
frozenset(['c', 'b', 'd'])
frozenset(['c', 'b', 'd', '3', '2', '4'])

Traceback (most recent call last):
  File "F:/python教材/代码5-12.py", line 22, in <module>
    b.clear()
AttributeError: 'frozenset' object has no attribute 'clear'
>>> |
```

图 5-12 代码 5-12 的运行结果

对比上述代码的运行结果不难发现,对不可变集合进行遍历、运算符操作时,与集合完全一致。但当需要进行诸如清空等会更改集合元素的操作时,系统就会产生属性错误(AttributeError)。

5.3 本章小结

本章介绍了字典和集合,这两种内建数据类型都属于容器,主要作用是存储和处理数据集。由于这两种数据类型在底层实现的时候,都采用了哈希表这种数据结构,所以相较于列表和元组它们更适合数据量较大的数据集。此外,当需要处理那些不方便用索引访问,而又有明显映射关系的数据集时，应该使用字典。对于那些不需要访问某一元素，而又需要进行一些并、交、补等数学运算的数据集时，应该使用集合。

5.4 上机实验

上机实验1 字典

【实验目的】 了解字典的基本概念。掌握字典的定义、访问、修改和添加等操作。

【实验内容及步骤】

(1) 定义字典。执行如下语句，使用字典定义一个电话簿。

```
>>> phonebook = {'Olivia':'13600000001', 'Kate':'13600000002', 'George':'13600000003', 'Harley':
'13600000004'}
```

(2) 访问字典元素。执行如下语句，访问字典元素，并观察输出结果。

```
>>> phonebook['Olivia']
>>> phonebook['Harley']
>>> phonebook['Abel']
>>> phonebook.get('Olivia')
>>> phonebook.get('Harley')
>>> phonebook.get('Abel')
```

(3) 修改字典元素。执行如下语句，修改字典元素，并观察输出结果。

```
>>> phonebook['Olivia'] = '15100000001'
>>> phonebook
```

(4) 添加字典元素。执行如下语句，添加字典元素，并观察输出结果。

```
>>> phonebook['Abel'] = '13600000005'
>>> phonebook
```

(5) 批量更新字典元素。执行如下语句，批量更新字典元素，并观察输出结果。

```
>>> phonebookN = {'Olivia':'15100000001', 'Kate':'15100000002', 'Catherine':'13600000006'}
>>> phonebook.update(phonebookN)
>>> phonebook
```

(6) 删除字典元素。执行如下语句，删除字典元素，并观察输出结果。

```
>>> del phonebook['Abel']
>>> phonebook
```

(7) 清空字典和删除字典。执行如下语句，清空字典后再删除字典，并观察输出结果。

```
>>> phonebook.clear()
>>> phonebook
>>> del phonebook
>>> phonebook
```

上机实验 2　有序字典

【实验目的】 了解有序字典的基本概念。掌握字典的无序性和有序字典的有序性。

【实验内容及步骤】

(1) 验证字典的无序性。执行如下语句,并观察输出结果。

```
>>> phonebook = {'Kate':'13600000001', 'Olivia':'13600000002', 'George':'13600000003'}
>>> phonebook
>>> phonebook['Greg'] = '13100000004'
>>> phonebook['Haley '] = '13100000005'
>>> phonebook
```

(2) 定义有序字典,并验证有序字典的有序性。执行如下语句,并观察输出结果。

```
>>> from collections import OrderedDict
>>> phonebook = OrderedDict([('Kate', '13600000001'), ('Olivia', '13600000002'), ('George',
'13600000003')])
>>> phonebook
>>> phonebook['Harry'] = '13600000004'
>>> phonebook['Jeff'] = '13600000005'
>>> phonebook
```

上机实验 3　集合

【实验目的】 了解集合的概念,掌握集合的定义和相关操作。

【实验内容及步骤】

(1) 定义集合。执行如下语句,使用集合定义一个水果集和一个蔬菜集。

```
>>> vegetables = {'cabbage','potato','tomato','cucumber'}
>>> fruits = {'apple','orange','banana','tomato','cucumber'}
```

(2) 遍历集合。执行如下语句,遍历水果集,并观察输出结果。

```
>>> for fruit in fruits:
        fruit
```

(3) 添加集合元素。执行如下语句,添加新的元素到水果集中,并观察输出结果。

```
>>> fruits.add('peach')
>>> fruits
```

(4) 批量更新集合元素。执行如下语句,批量更新水果集,并观察输出结果。

```
>>> vegetablesN = {'pea','chili','potato'}
>>> vegetables.update(vegetablesN)
>>> vegetables
```

(5) 集合的数学元素。执行如下语句,完成水果集和蔬菜集的“交”“并”“补”和“异或”运算,并观察输出结果。

```
>>> vegetables | fruits
>>> vegetables & fruits
```

```
>>> vegetables - fruits
>>> vegetables ^ fruits
```

(6) 删除集合元素。执行如下语句,删除蔬菜集中的 potato 元素,并观察输出结果。

```
>>> vegetables.remove('potato')
>>> vegetables
```

(7) 清空集合和删除集合。执行如下语句,清空蔬菜集后再删除蔬菜集,并观察输出结果。

```
>>> vegetables.clear()
>>> vegetables
>>> del vegetables
>>> vegetables
```

上机实验 4　不可变集合

【实验目的】 了解不可变集合的概念,掌握不可变集合的操作。

【实验内容及步骤】

(1) 定义不可变集合。执行如下语句,定义一个不可变的水果集。

```
>>> fruits = frozenset({'apple','orange','banana','tomato','cucumber'})
```

(2) 验证不可变集合的不可变性。执行如下语句,并观察输出结果。

```
>>> fruits.add('peach')
>>> fruitsN = frozenset({'apple','watermelon','pineapple'})
>>> fruits. update (fruitsN)
```

习题 5

一、单项选择题

1. 下列数据类型不可以作为字典的键(Key)的是(　　)。

   A. 数字　　B. 字符串　　C. 列表　　D. 元组

2. 一个图书管理系统,需要通过书名查找书的数量,使用下列哪种数据类型存储书目较为合理?(　　)

   A. 集合　　B. 字典　　C. 列表　　D. 元组

3. 可以体现数学中的"映射"概念的是(　　)。

   A. 集合　　B. 字典　　C. 列表　　D. 元组

4. 下列语句可以创建一个字典的是(　　)。

   A. phonebook = {'Olivia':'13600000001', 'Kate':'13600000002', 'George':'13600000003'}

   B. phonebook = {'Olivia','13600000001', 'Kate','13600000002', 'George','13600000003'}

   C. phonebook = ['Olivia':'13600000001', 'Kate':'13600000002', 'George':'13600000003']

D. phonebook = ('Olivia':'13600000001', 'Kate':'13600000002', 'George':'13600000003')

5. 给定一个字典 dict = {'key1':'value1', 'key2':'value2', 'key3':'value3'},下列语句可以清空该字典的是(　　)。

A. del dict　　B. del dict['key1']

C. dict.clear()　　D. dict.del()

6. 给定一个字典 dict = {'key1':'value1', 'key2':'value2', 'key3':'value3'},执行下列语句后,不会产生错误的是(　　)。

A. dict ['key5']　　B. del dict['key5']

C. dict.get('key5')　　D. dict [key1]

7. 下列适合于批量添加字典元素的做法是(　　)。

A. 使用"[ ]"一个一个地添加

B. 使用 get()方法添加

C. 使用 update ()方法添加

D. 使用关键字 del 添加

8. 下列语句可以创建一个有序字典的是(　　)。

A. from collections import OrderedDict
o_dict = OrderedDict([('key1', 'value1'), ('key2', 'value2'), ('key3', 'value3')])

B. o_dict = OrderedDict([('key1', 'value1'), ('key2', 'value2'), ('key3', 'value3')])

C. from collections import OrderedDict
o_dict = dict([('key1', 'value1'), ('key2', 'value2'), ('key3', 'value3')])

D. o_dict = dict([('key1', 'value1'), ('key2', 'value2'), ('key3', 'value3')])

9. 下列可以保证字典的输入顺序和输出顺序一致的方法是(　　)。

A. 直接使用字典就可以

B. 先定义一个空字典,再使用"[ ]"一个一个输入字典元素

C. 先定义一个空字典,再使用 update ()方法批量添加字典元素

D. 使用有序字典

10. 下列不属于 Python 的内建数据类型,需要导入相应的模块才可以使用的数据类型是(　　)。

A. 字典　　B. 有序字典　　C. 集合　　D. 不可变集合

11. 可以体现数学中的"集合"概念的是(　　)。

A. 集合　　B. 字典　　C. 列表　　D. 元组

12. 下列代码可以创建一个空集合的是(　　)。

A. emptyset = {}　　B. emptyset = set({})

C. emptyset = ({})　　D. emptyset = dict({})

13. 给定一个集合 set = {'elem1','elem2','elem3','elem4'},下列语句可以成功删除集合元素"elem2"的是(　　)。

A. delset　　B. del set [' elem2']

C. set.remove(elem2)　　　　　D. set.remove('elem2')

14. 下列语句可以创建一个集合的是(　　)。

A. set = {'elem1','elem2','elem3','elem4'}

B. set = {}

C. set = {elem1,elem2,elem3,elem4}

D. set = ['elem1','elem2','elem3','elem4']

15. 语句 set = {'elem1','elem2','elem3','elem3','elem2','elem5'}所创建的集合包含元素的个数是(　　)。

A. 6 个　　B. 1 个　　C. 4 个　　D. 5 个

16. 执行如下代码,所得的结果是(　　)。

```
>>> dict = {'key1':'value1', 'key2':'value2', 'key3':'value3', 'key3':'value4', 'key5':'value5'}
>>> dict['key3']
```

A. value3　　　　B. value4

C. 产生 NameError 错误　　　　D. 创建字典 dict 不成功

17. 下列可以用来判断一个元素是否包含在集合中的关键字是(　　)。

A. del　　B. in　　C. for　　D. print

18. 给定集合 a = {'a', 'b', 'c', 'd', '1'}和集合 b = {'1', '2', '3', '4', 'a'},执行运算 a | b 得到的结果是(　　)。

A. {'a', 'c', 'b', 'd', '1', '3', '2', '4'}

B. {'1', 'a '}

C. {'c', 'b', 'd'}

D. {'c', 'b', 'd', '3', '2', '4'}

19. 给定集合 a = {'a', 'b', 'c', 'd', '1'}和集合 b = {'1', '2', '3', '4', 'a'},执行运算 a & b 得到的结果是(　　)。

A. {'a', 'c', 'b', 'd', '1', '3', '2', '4'}

B. {'1', 'a '}

C. {'c', 'b', 'd'}

D. {'c', 'b', 'd', '3', '2', '4'}

20. 给定集合 a = {'a', 'b', 'c', 'd', '1'}和集合 b = {'1', '2', '3', '4', 'a'},执行运算 a− b 得到的结果是(　　)。

A. {'a', 'c', 'b', 'd', '1', '3', '2', '4'}

B. {'1', 'a '}

C. {'c', 'b', 'd'}

D. {'c', 'b', 'd', '3', '2', '4'}

21. 给定集合 a = {'a', 'b', 'c', 'd', '1'}和集合 b = {'1', '2', '3', '4', 'a'},执行运算 a ^ b 得到的结果是(　　)。

A. {'a', 'c', 'b', 'd', '1', '3', '2', '4'}

B. {'1', 'a '}

C. {'c', 'b', 'd'}

D. {'c', 'b', 'd', '3', '2', '4'}

22. 下列语句可以创建一个不可变集合的是(　　)。

A. f_set = {'a','b','c','d','1'}

B. f_set = { }

C. f_set = set({'a','b','c','d','1'})

D. f_set = frozenset({'a','b','c','d','1'})

23. 有两个集合,想要获得两个集合共同存在的集合元素,应该执行的操作是(　　)。

A. 联合(|)　　B. 补集(-)　　C. 异或(^)　　D. 交集(&)

24. 要把两个集合合并成一个新集合,应该执行的操作是(　　)。

A. 联合(|)　　B. 补集(-)　　C. 异或(^)　　D. 交集(&)

25. 在设计某一个系统的时候,有两个数据集,需要频繁进行并、交、补、更新等运算。下列数据类型适合用来存储这两个数据集的是(　　)。

A. 字典　　B. 有序字典　　C. 集合　　D. 不可变集合

二、多项选择题

1. 下列数据类型可以作为字典的键(Key)的是(　　)。

A. 数字　　B. 字符串　　C. 集合　　D. 不可变集合

2. 下列数据类型可以作为字典的值(Value)的是(　　)。

A. 数字　　B. 字符串　　C. 集合　　D. 不可变集合

3. 想要添加一些新元素到集合中,可以采用的做法是(　　)。

A. 使用 add()方法一个一个添加元素

B. 使用 update()方法来批量更新集合

C. 使用“[ ]”一个一个添加元素

D. 使用运算符“|”

4. 下列可以在一个不可变集合上执行的操作是(　　)。

A. 两个不可变集合之间进行联合运算

B. 使用 update()方法来批量更新不可变集合

C. 遍历一个不可变集合

D. 使用 del 删除不可变集合

5. 下列会产生系统错误的操作是(　　)。

A. 在使用“[ ]”访问字典元素时,在“[ ]”中输入字典里不存在的键(Key)

B. 使用一个已经使用关键字 del 删除的字典

C. 试图更新一个不可变集合

D. 定义有序字典前,没有导入相应模块

三、判断题

1. 元组可以作为字典的键(Key)。　　(　　)

2. 所有可哈希的(hashable)数据类型都可以作为字典的键(Key)。　　(　　)

3. 列表不能作为字典的值(Value)。　　(　　)

4. 使用“[ ]”访问字典元素时,如果在“[ ]”中输入字典里不存在的键(Key),系统不会

有任何变化。 (　　)

5. 使用一般形式：dict[Key] = Value，就可以在原字典后面添加一个新的字典元素。 (　　)

6. 字典元素的输入顺序和它的输出顺序不一定是一致的。 (　　)

7. 语句 dict = {'key1':'value1', 'key2':'value2', 'key3':'value3','key3':'value4', 'key5':'value5'}可以成功创建一个字典。 (　　)

8. 集合里面的元素是无序的、不可重复的。 (　　)

9. 执行语句“emptyset = {}”后，会创建一个空集合。 (　　)

10. 与字典一样，可以使用“[ ]”访问一个集合元素。 (　　)

11. 语句 set = {'elem1','elem2','elem3','elem3','elem2','elem5'}创建了一个包含6个元素的集合。 (　　)

12. 创建不可变集合之前，需要导入相应模块。 (　　)

第6章 函数与模块

6.1 Python的程序结构

Python语言编写的程序由包、模块、函数和类组成。包是由一系列模块组成的集合，模块是处理某一类问题的函数和类的集合，函数是预先定义好的可以完成特定任务的代码，类是对具有相同数据和方法的一组对象的描述或定义。包用来组织不同模块，模块中定义函数和类。Python语言中的包、模块函数和类之间的关系如图6-1所示。

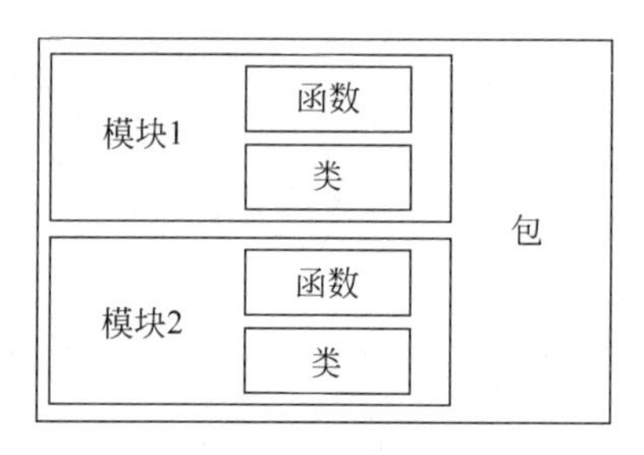

图6-1 包、模块和函数之间的关系

一个典型的Python文件结构如下：

```
1   #-*-coding: utf-8-*-            #编码注释
2   "this is a test module"          #程序注释
3
4   import sys                       #导入系统模块
5   import os                        #导入系统模块
6
7   flag=True                        #定义全局变量
8
9   class NewClass():                #定义类
10      "New class"
11      count=0
12      def f1(self):
13          print "newclass"
14
15  def test():                      #定义函数
16      "test function"
17      foo=NewClass()
18      foo.f1()
19      if flag:
20          print('test()')
```

```
21  if __name__=='__main__':   #主程序
22      test
```

简单介绍一下上述例子的程序结构：

line1：在 Python 中，以＃开关的行是注释。但这一行有点不同，用来标记这个文件的编码性质。

line 2：程序的注释，用于说明程序的功能。

line 4～line 5：导入系统模块 sys 和 io。

line 7：定义全局变量 flag。

linc 9～line 13：定义 Python 类 NewClass。

line 15～line 20：定义 Python 函数 test()。

line 21～line 22：定义程序的入口 main 函数，这是特殊标记。__name__是内置变量，每个文档都会有这个变量。

6.2 函　　数

函数是组织好的、可重复使用的，用来实现单一或相关联功能的代码段。函数能够减少重复代码，使程序变得可扩展和易维护。Python 语言提供两种函数，一种是内建函数，比如 print()，另一种是用户自己创建的函数，被称为用户自定义函数。定义函数的时候，把参数的名字和位置确定下来，函数的接口定义就完成了。对于函数的调用者来说，只需要知道如何传递正确的参数，以及函数将返回什么样的值就够了，函数内部的复杂逻辑被封装起来，调用者无须了解。

6.2.1 函数的定义

在 Python 中，定义函数的语法如下：

```
def 函数名( [形参列表] ):
    '''注释'''
    函数体
    return [expression]
```

注意事项：

(1) 在 Python 中采用 def 关键字进行函数的定义。

(2) 形参可以有零个、一个或者多个，函数参数也不用指定参数类型，因为在 Python 中变量都是弱类型的，Python 会自动根据值来维护其类型。

(3) Python 函数不需要指定返回值类型。

(4) return 语句是可选的，它可以在函数体内的任何地方出现，表示函数调用执行到此结束，并可返回结果值。

(5) 即使函数不需要接收任何参数，也必须保留一对空的圆括号。

(6) 圆括号后面的冒号必不可少。

(7) 函数体的第一句可以是注释，但不是必须的，增加注释可提供友好的使用帮助。

(8) 函数体相对于 def 关键字必须保持一定的空格缩进。

【例 6-1】 定义在标准显示设备上输出任意字符串的函数。

```
def PrintStr( str ):
    '''打印字符串 str 到标准输出设备'''
    print str
    return
```

函数的执行及结果：

```
>>> PrintStr('HelloWorld')
HelloWorld
```

【例 6-2】 定义输出两个数值中较大值的函数。

```
def PrintMax(a,b):
    if a > b:
     print(a, 'is max')
    else:
     print(b, 'is max')
```

函数的执行及结果：

```
>>> PrintMax(4,5)
(5, 'is max')
```

【注意】 Python 中的用户自定义函数先定义，之后才能使用。

6.2.2 函数的参数

1. 形式参数与实际参数

根据函数的作用过程，可将参数分为形式参数(形参)和实际参数(实参)。

(1) 形式参数：是在函数中定义的，系统没有为其分配内存空间，但是其中定义里面可以使用的参数，简称形参。函数定义时，圆括号内使用逗号分隔开的形参列表，形参个数并没有限制，一个函数可以没有形参，但是定义时一对圆括号必须要有，表示该函数调用时不接收参数。形参变量只有在被调用时才分配内存单元，在调用结束时，即刻释放所分配的内存单元。因此，形参只在函数内部有效。

(2) 实际参数：在函数被调用时，传递给形式参数的参数，简称实参。实参可以是常量、变量、表达式或函数等。无论实参是何种类型，在函数被调用时，它们必须具有确定的值，以便将其传递给形参。因此应通过预先赋值使实参获得确定值。函数被调用时，根据不同的传递方式，将实参的值或引用传递给形参。当函数被调用时，默认根据书写顺序完成实参与形参的匹配。

在 Python 函数中，形式参数的声明形式和类型定义比较灵活。形式参数的声明形式包含多种，可分为必选参数、默认值参数、关键参数和可变长度参数等。在定义函数时不需要指定形式参数的类型，形参的类型完全由调用者传递的实参类型以及 Python 解释器的理解和推断来决定，类似于某些语言中的泛型。同样，Python 函数也不需要指定函数的返回值类型，这将由函数体中的 return 语句来决定。

2. 参数的类型

(1) 必选参数。必选参数须以正确的顺序传入函数，调用时的数量必须和声明时的一样。例 6-2 PrintMax(a,b)中的 a,b 是必选参数，当调用时必须传入两个参数，否则出现语法错误。

```
>>> PrintMax()
Traceback (most recent call last):
  File "<stdin>", line 1, in <module>
TypeError: PrintMax() takes exactly 2 arguments (0 given)
>>> PrintMax(4)
Traceback (most recent call last):
  File "<stdin>", line 1, in <module>
TypeError: PrintMax() takes exactly 2 arguments (1 given)
```

(2) 默认值参数。在定义函数时，Python 可以为形参设置默认值。在调用带有默认值参数的函数时，可以不用为设置了默认值的形参进行传值，此时函数将会直接使用函数定义时设置的默认值。默认值参数的优点是降低调用函数的难度。

函数参数设置默认值的格式为：

```
def 函数名(…,形参名 = 默认值)
函数体
```

在使用默认参数时，应该注意的事项如下：

① 函数必选参数在前，默认值参数在后，否则 Python 的解释器会报错。

【例 6-3】 定义注册学生的 name、gender 和 city 的函数，city 默认值为 dalian。

```
def Enroll(name, gender,city = 'dalian'):
    print 'name :',name
    print 'gender:',gender
    print 'city:',city
```

函数的执行及结果如下：

```
>>> Enroll('tom','male')
name : tom
gender: male
city:dalian
>>> Enroll('tom','male', 'beijing')
name : tom
gender: male
city:beijing
```

本例中，定义 Enroll 函数，形式参数 city 的默认值为 dalian。当 Enroll 被调用，不指定 city 值，city 默认值为 dalian。若 city 指定其他值时，city 不为默认值。从上面的例子可以看出，默认参数可以简化函数的调用。

(3) 关键参数。关键参数和函数调用关系紧密，函数调用使用关键参数来确定传入的参数值。使用关键参数允许函数调用时参数的顺序与声明时不一致,但不影响参数值的传递结果,因为 Python 解释器能够用参数名匹配参数值。这样避免了用户需要牢记参数位置和顺序的麻烦,使得函数的调用和参数传递更加灵活方便。

【例 6-4】 定义注册学生 name、age 的函数。

```
def Enroll( name, age ):
  print "name: ", name
  print "age ", age
  return
```

函数的执行及结果:

```
>>> Enroll('tom',20)
name: tom
age 20
>>> Enroll(age = 20,name = 'tom')
name: tom
age 20
>>>
```

(4) 可变长度参数。传递的参数个数是任意可变的。可变长度参数在定义函数时主要有两种形式:

① 传递的多个实参保存在元组中。语法如下:

```
def 函数名( * 形参):
   函数体
   [return [expression]]
```

【例 6-5】 定义求若干数值和的函数。

```
def cal( * numbers):
   sum = 0
   for n in numbers:
     sum = sum + n
return sum
```

函数的执行及结果:

```
>>> cal(1,2,3)
6
>>> cal(1,2,3,4,5)
15
```

② 接收类似于关键参数一样显式赋值形式的多个实参并存放入字典中。基本语法如下:

```
def 函数名( ** 形参):
    函数体
    [return [expression]]
```

【例 6-6】 定义函数。

```
def display( ** p):
  for i in p.items():
    print(i)
```

函数的执行及结果：

```
>>> display(a = 1,b = 2,c = 3)
('a', 1)
('c', 3)
('b', 2)
```

(5) 参数传递时的序列解包和字典。当为含有多个变量的函数传递参数时，可以使用 Python 列表、元组、集合、字典等作为实参，并在实参名称前加一个“*”，Python 解释器将自动进行解包，然后传递给多个形参变量。需要注意的是，若使用字典对象作为实参，则默认使用字典的 keys()方法；若需要将字典中的“键-值对”作为参数，则需要使用 items()方法；若需要将字典的“值”作为参数则需要调用字典的 values()方法。此外，要保证实参中元素个数与形参个数相等。

【例 6-7】 定义函数。

```
def display(a,b,c):
      print(a + b + c)
```

函数的执行及结果：

```
>>> list = [1,2,3]                          #定义列表
>>> display( * list)
6
>>> tuple = (3,2,1)                         #定义元组
>>> display( * tuple)
6
>>> set = {2,3,4}                           #定义集合
>>> display( * set)
9
>>> dict = {1:'a',2:'b',3:'c'}              #定义字典
>>> display( * dict)
6
>>> display( * dict.values())
abc
```

6.2.3 函数的返回值

Python 的 return 语句用来结束函数的执行，同时还可以从函数中返回一个任意类型的值。函数的返回值类型由 return 语句返回值的类型来决定，如果函数中没有 return 语句或者没有执行到 return 语句而返回或者执行了不带任何值的 return 语句，则函数都默认为返回空值 None。return 语句可以多次出现在函数中，一旦得到执行将立即结束函数。

【例 6-8】 定义求两个数值之和的函数。

```
def sum( arg1, arg2 ):
```

```
    total = arg1 + arg2
    return total;
```

函数的执行及结果：

```
>>> sum(3,5)
8
```

【例 6-9】 定义无返回值的函数。

```
def  f():
    return
```

函数的执行及结果：

```
>>> f()
>>>
```

6.2.4 函数的嵌套

Python 语言提供对嵌套函数的支持。Python 允许在定义函数的时候，其函数体内又包含另外一个函数的完整定义，这就是通常所说的嵌套定义。函数是用 def 语句定义的，凡是其他 Python 语句可以出现的地方，def 语句同样可以出现。定义在函数 A 内的函数 B 叫作内部函数，函数 A 称为函数 B 的外部函数。函数定义可以多层嵌套，除了最外层和最内层的函数之外，用户定义的其他函数既是外部函数又是内部函数。

【例 6-10】 给出函数的嵌套，请写出结果。

```
def A(a):
    print "I am A"
    def B(b):
        print "a + b = ",a + b
        print "I am B"
    B(2)
    print "Over!!!"
```

函数的执行及结果：

```
A(3)
>>> I am A
a + b =  5
I am B
Over!!!
```

【例 6-11】 给出函数的嵌套，请写出结果。

```
def outer():
    x = 1
    def inner():
        print x # 1
    inner() # 2
```

函数的执行及结果：

```
>>> outer()
1
```

函数嵌套在使用时应注意：

(1) 内层函数可以访问外层函数中定义的变量，但不能重新赋值(rebind)。

(2) 内层函数的局部命名空间不包含外层函数定义的变量。

6.2.5 递归函数

如果一个函数在内部调用本身，这个函数就是递归函数。例如计算整数 n 的阶乘 n! = 1 * 2 * 3 * … * n，用函数 fact(n)表示，可以看出：fact(n) = n! = 1 * 2 * 3 * … * (n-1) * n = (n-1)! * n = fact(n-1) * n，所以，fact(n)可以表示为 n * fact(n-1)，只有 n=1 时需要特殊处理。使用递归函数的优点是定义简单、逻辑清晰，缺点是过深的调用会导致栈溢出。理论上，所有的递归函数都可以写成循环的方式，但循环的逻辑不如递归清晰。

递归有以下两个基本要素。

(1) 边界条件：确定递归到何时终止，也称为递归出口。

(2) 递归模式：大问题是如何分解为小问题的，也称为递归体。

递归函数只有具备了这两个要素，才能在有限次计算后得出结果。

使用递归函数需要注意防止栈溢出。在计算机中，函数调用是通过栈(Stack)这种数据结构实现的，每当进入一个函数调用，栈就会加一层栈帧，每当函数返回，栈就会减一层栈帧。由于栈的大小不是无限的，所以，递归调用的次数过多，会导致栈溢出。可以试试计算 fact(10000)。

递归算法一般用于解决以下三类问题。

(1) 数据的定义是按递归定义的(比如 Fibonacci 函数)。

(2) 问题解法按递归算法实现(比如回溯)。

(3) 数据的结构形式是按递归定义的(比如树的遍历、图的搜索和二分法查找等)。

【例 6-12】 利用递归算法获得指定 n 项的斐波那契数列。设序列前两项为 0,1。

```
def fib_list(n) :
  if n == 1 or n == 2 :
    return 1
  else :
    m = fib_list(n - 1) + fib_list(n - 2)
    return m
print "---------请指定输出斐波那契数列前 n 项---------"
n = int(raw_input("Please Enter n = :"))
list = [0]
i = 1
while(i <= n):
  list.append(fib_list(i))
  i += 1
print list
```

程序执行及结果：

```
---------请指定输出斐波那契数列前 n 项---------
Please Enter n = :10
[0, 1, 1, 2, 3, 5, 8, 13, 21, 34, 55]
```

【例 6-13】 定义计算正整数 n 阶乘的函数。

```
def fact(n):
    if n == 1:
        return 1
    return n * fact(n - 1)
```

函数的执行及结果：

```
>>> fact(5)
120
>>> fact(10)
3628800
```

【例 6-14】 定义函数，计算 a,b,c 三个字母的全排列。

```
def perm(l):
    if(len(l)<= 1):
        return [l]
    r = []
    for i in range(len(l)):
        s = l[:i] + l[i + 1:]
        p = perm(s)
        for x in p:
            r.append(l[i:i + 1] + x)
    return r
```

perm()函数执行结果为：

```
>>> L = ['a','b','c']
>>> perm(L)
[['a', 'b', 'c'], ['a', 'c', 'b'], ['b', 'a', 'c'], ['b', 'c', 'a'], ['c', 'a', 'b'], ['c', 'b', 'a']]
```

6.2.6 Lambda 函数

Python 使用 Lambda 来创建匿名函数。Lambda 的主体是一个表达式，而不是一个代码块。Lambda 函数比 def 函数的结构简单，仅能封装有限的逻辑。Lambda 函数拥有自己的命名空间，且不能访问自有参数列表之外或全局命名空间里的参数。匿名函数主要是和其他函数搭配使用的。虽然 Lambda 函数只占用一行，却不同于 C++的内联函数，后者是通过调用小函数不占用栈内存从而增加运行效率的。

Lambda 函数的语法只包含一个语句，格式如下：

```
lambda [arg1 [,arg2, … ,argn]]: expression
```

【例 6-15】 计算两个数字相加。

```
sum = lambda  arg1,arg2: arg1 + arg2;
```

```
print "相加后的值为：",sum( 10,20 )
print "相加后的值为：",sum( 20,20 )
```

程序运行结果：

```
相加后的值为：30
相加后的值为：40
```

【例 6-16】 给出程序清单，请写出运行结果。

```
def calc(n):
    return n ** n
print(calc(10))
calc = lambda n:n ** n
print(calc(10))
```

程序运行结果：

```
10000000000
10000000000
```

【例 6-17】 给出程序清单，请写出运行结果。

```
res = map(lambda x:x ** 2,[1,5,7,4,8])
for i in res:
    print(i)
```

程序运行结果：

```
1
25
49
16
64
```

6.2.7 变量作用域

一个程序的所有的变量并不是在哪个位置都可以访问的。访问权限决定于这个变量是在哪里赋值的。变量的作用域决定了在哪一部分程序可以访问哪个特定的变量名称。Python 支持两种作用域的变量：全局变量和局部变量。全局变量：定义在函数外的拥有全局作用域，全局变量可以在整个程序范围内访问。在程序的一开始定义的变量称为全局变量。局部变量：定义在函数内部的变量拥有局部作用域，即只能在声明的函数内部访问，称为局部变量。

(1) 在定义局部变量的函数内部，局部变量起作用。

【例 6-18】

```
result = 0;                     #定义一个全局变量 result
def Product( arg1, arg2 ):      #定义函数 Product
    result = arg1 * arg2;       #返回 2 个参数的乘积，result 在这里是局部变量
```

```
    print "函数内是局部变量 : ", result
    return result;
Product( 10, 20 );              # 调用 Product 函数
print "函数外是全局变量 : ", result
```


以上实例输出结果：

```
函数内是局部变量：200
函数外是全局变量：0
```

(2) 函数内部也可以定义全局变量，需加关键字 global 声明，全局变量默认可读。

【例 6-19】

```
gvar = 0
def set_gvar_to_one():
    global gvar                 # 使用 global 声明全局变量
    gvar = 1
def print_gvar():
    print(gvar)                 # 没有使用 global
set_gvar_to_one()
print gvar                      # 输出 1
print_gvar()                    # 输出 1,函数内的 gvar 已经是全局变量
```

(3) def、class、lamda 能够影响 Python 变量的作用域。

【例 6-20】

```
def scopetest():
    localvar = 6;
    print(localvar)
scopetest()
#print(localvar)                # 去除注释这里会报错,因为 localvar 是本地变量
```

(4) if/elif/else、for/while、try/except/finally 不改变 Python 变量的作用域。也就是说，它们的代码块中的变量在外部也是可以访问的，这个不同于 Java 变量作用域概念。

【例 6-21】

```
while True:
    newvar = 8
    print(newvar)
    break;
print(newvar)
newlocal = 7
print(newlocal)     # 可以直接使用
```

(5) 变量搜索路径是先本地变量，然后全局变量。函数在读取变量时，优先读取函数本身自有的局部变量，再去读全局变量。

【例 6-22】

```
def scopetest():
    var = 6;
```

```
    print(var)   #
var = 5
print(var)
scopetest()
print(var)
```

输出结果：

```
5 6 5
```

这里 var 首先搜索的是本地变量，scopetest()中 var=6 相当于自己定义了一个局部变量，赋值为 6。

【例 6-23】

```
def scopetest():
    var = 6;
    print(var)
    def innerFunc():
        print(var)              # look here
    innerFunc()
var = 5
print(var)
scopetest()
print(var)
```

输出结果：

```
5 6 6 5
```

(6) 特殊：列表、字典可修改，但不能重新赋值。如果需要重新赋值，需要在函数内部使用 global 定义全局变量。

【例 6-24】

```
NAME = ['Tim','mike']           #全局变量
NAME1 = ['Eric','Jeson']        #全局变量
NAME3 = ['Tom','jane']          #全局变量
def f1():
    NAME.append('Eric') #列表的 append 方法可改变外部全局变量的值
    print('函数内 NAME:        %s' % NAME)
    NAME1 = '123' #重新赋值不可改变外部全局变量的值
    print('函数内 NAME1: %s' % NAME1)
    global NAME3 #如果需要重新给列表赋值，需要使用 global 定义全局变量
    NAME3 = '123'
    print('函数内 NAME3: %s' % NAME3)
f1()
print('函数外 NAME: %s' % NAME)
print('函数外 NAME1: %s' % NAME1)
print('函数外 NAME3: %s' % NAME3)
>>>
函数内 NAME: ['Tim', 'mike', 'Eric']
```

```
函数内 NAME1: 123
函数内 NAME3: 123
函数外 NAME: ['Tim', 'mike', 'Eric']
函数外 NAME1: ['Eric', 'Jeson']
函数外 NAME3: 123
```

6.3 模　　块

Python 模块是一个 Python 文件，包含 Python 对象定义和 Python 语句。模块能够有逻辑地组织 Python 语言的代码，通过把相关的代码分配到一个模块内，使代码更清晰易懂。模块里能定义函数、类和变量，也能包含可执行的代码。Python 有很多模块，而这些模块是可以独立运行的，这点区别于 C 和 C++的头文件。

6.3.1 模块的创建

【例 6-25】 给定一个简单的模块 support. py。

```
support.py 模块:
def print_func( par ):
  print "Hello : ", par
  return
```

1. PYTHONPATH 变量

作为环境变量，PYTHONPATH 由装在一个列表里的许多目录组成。PYTHONPATH 的语法和 shell 变量 PATH 的一样。

在 Windows 系统中，环境变量 PYTHONPATH 设置如下：

```
set PYTHONPATH = c:\python27\lib;
```

在 UNIX 系统中，环境变量 PYTHONPATH 设置如下：

```
set PYTHONPATH = /usr/local/lib/python
```

2. 命名空间和作用域

Python 中任何保存为. py 的 Python 程序都可以作为模块进行导入，模块即程序。

(1) 指定模块所在位置

对于自己创建的模块，在程序中导入后需要指定其存放的位置，以便解释器知道到哪里寻找模块。指定模块存放位置的方法如下：

```
import sys          # sys 是 Python 内建标准库
sys.path.append('module directory') # 通知解释器除了在默认路径下查找模块外，还要从指定的
                                    # 路径下查找，指定完模块路径后，就可以导入自己的模块了
```

(2) 模块的导入

模块初次导入时会有新的文件生成。自己创建的模块在初次导入时会生成以. pyc 为扩展名的文件，该文件是与平台无关的经过编译处理的，Python 能够更加有效地处理文件。再次导入该模块时，Python 会导入. pyc 文件而不是. py 文件，除非. py 文件已经改变，需要

生成新的.pyc文件。只要.py文件存在，删除.pyc文件不会破坏程序，必要时系统可以重新创建新的pyc文件。

(3) 让创建的模块可用

创建用户自定义模块后，需要让解释器能够去正确查找到相应的模块才行。为了使解释器能够正确执行创建的模块，可以通过两种方法实现：一是上面介绍的“指定模块所在位置”使解释器能够找到自己创建的模块，还有一种方法是在创建模块时将其放置在合适的位置。把模块放置在正确的位置很重要，便于在自己的程序中导入和使用。所谓正确的位置，也就是Python解释器从哪里查找模块，就将其放置在哪里。

通过sys模块中的path变量可以找到解释器的搜索路径：

```
import sys,pprint
pprint.pprint(sys.path)
```

以上代码执行即可打印出相应的搜索路径，这些目录都是可用的用于存放自己创建模块的位置，但是site-packages目录是最佳选择，其本身也是用来做这些事情的：

```
>>>
=============== RESTART: C:\Python27\My learning\Exercise - 1.py ===============
['C:\\Python27\\My learning',
 'C:\\Python27\\Lib\\idlelib',
 'C:\\WINDOWS\\SYSTEM32\\python27.zip',
 'C:\\Python27\\DLLs',
 'C:\\Python27\\lib',
 'C:\\Python27\\lib\\plat - win',
 'C:\\Python27\\lib\\lib - tk',
 'C:\\Python27',
 'C:\\Python27\\lib\\site - packages']
>>>
```

如果想将创建的模块放置在自己想要的目录下或者用户没有权限将创建的模块放置在解释器默认搜索目录下(比如Python解释器是由管理员安装的，而用户又没有管理员权限)的话，那就只能告诉解释器创建的模块的位置的方法来实现模块被正确地查找了。前面我们介绍的通过编辑sys.path是一种方法，但是这不是通用的最佳方法。正确的方法是在PYTHONPATH环境变量中包含模块的目录。

(4) 环境变量设置

环境变量不是Python解释器的一部分，是操作系统的一部分，因此不同的OS设置方法也有所不同。它相当于在Python解释器外设置的Python的变量。

Windows系统设置方法：在“控制面板”的“环境变量”设置中，新建环境变量，变量名为“PYTHONPATH”，输入变量作为变量值。如果这种方法不行，可以通过便捷autoexec.bat文件，该文件可以在C盘的根目录下找到，使用记事本打开后添加一行设置PYTHONPATH的内容“set PYTHONPATH=%PYTHONPATH%;C:\python27”。

6.3.2 模块的导入

在定义好模块后，可通过模块导入来使用模块，有三种形式可以导入模块：

(1) 使用import语句导入模块，它的格式如下所示：

```
import module1
import module2
     ⋮
import moduleN
```


也可以在一行内导入多个模块：

```
import module1 [,module2 [,…,moduleN]]
```

虽然上述两种格式在性能和生成字节 Python 代码方面没有区别，但后者可读性不如多行导入语句，建议使用第一种格式。例如要引用模块 math，就可以在文件最开始的地方用 import math 导入。在调用 math 模块中的函数时，必须这样引用：模块名.函数名。

【例 6-26】 导入 support 模块，使用其中的 add_func 函数。

```
    support.py                          # 定义 support 模块
    def add_func(a,b):
        return a + b
    def sub_func(a,b):
        return a - b
    test.py                             # 定义测试文件 test.py
import support                          # 导入 support 模块
print support.add_func(1,2)             # 调用模块的 add_func 函数
```

以上程序输出结果：

```
3
```

(2) 第二种导入模块的格式如下：

```
from module1 import name1[, name2[, … nameN]]
```

Python 的 from 语句可以从模块中导入一个指定的部分到当前命名空间中。

例如，要导入模块 fibo 的 fibonacci 函数，使用如下语句：

```
from fibo import fibonacci
```

这个声明不会把 fibo 模块的所有内容都导入到当前的命名空间中，它只会将 fibo 中的 fibonacci 函数引入到执行这个声明的模块的全局符号表。

【例 6-27】 使用例 6-26 中 support 模块中的 add_func 方法。

```
test.py                             # 定义 test 测试文件
from support import add_func
print add_func(1,2)                 # 调用 add_func 函数,结果为 3
print sub_func(3,2)                 # 提示 sub_func 函数没有定义
```

(3) 第三种导入模块的格式如下：

```
from module1 import *
```

这里提供了一个简单的方法将一个模块的所有内容全都导入到当前的命名空间，然而这种声明不该被过多地使用。例如，一次性导入 math 模块中的所有内容，语句如下：

```
from math import *
```

【例 6-28】 使用例 6-27 中 support 模块中的所有方法：

```
test.py                             #定义 test 测试文件
from support import *
print add_func(1,2)                 #调用 add_func 方法，结果为 3
print sub_func(3 - 2)               #调用 sub_func 方法，结果为 1
```

以上程序输出结果：

```
3
1
```

注意事项：若模块包含的属性和方法与用户的某个模块同名，我们必须使用 import module 来避免名字冲突。若经常访问模块中的属性和方法，又不想频繁地输入模块名，或有选择地导入某些属性和方法，而不想要其他的内容，可使用 from module import。但是我们要尽量少用 from module import *，因为判定一个特殊的函数或属性的来源较为困难，并且会造成调试和重构的困难。

搜索路径是一个 Python 解释器会先进行搜索的所有目录的列表。在程序中要导入模块，需要把导入命令放在程序的顶端。当 Python 的解释器遇见导入语句，且模块在当前的搜索路径中就会被导入。当导入模块时，Python 的解释器按照如下的优先级顺序寻找模块的实际安放位置。

（1）当前文件目录。

（2）环境变量 PYTHONPATH 下的每个目录。

（3）搜索 system 模块的 sys.path 变量。

sys.path 是 list 类型，可通过 insert()、append()方法来增加模块导入的搜索路径，例如：

```
import sys
path = "……"                         #需要增加的路径
sys.path.insert(0, path)
```

注意事项：模块可包含可执行代码，通常用于模块的初始化工作，这些代码只在模块导入时被执行一次。在模块被导入时，Python 解释器为加快程序的启动速度，会在与模块文件同一目录下生成.pyc 文件，即编译后的字节码文件，这一工作由系统自动完成。

6.3.3 模块的属性

Python 模块具有很多属性。可以在模块中导入指定的模块属性，即把指定名称导入到当前作用域。

（1）__name__：是标识模块的名字的一个系统变量。前后加了双下画线是因为它是系统定义的名字，普通变量不要使用此方式命名变量。这里分两种情况：假如当前模块是主模块（也就是调用其他模块的模块），那么此模块名字就是“__main__”。通过 if 判断就可以执行“__main__:”后面的主函数内容；假如此模块是被导入的，则此模块名字为文件名字（不加后面的.py），通过 if 判断就会跳过“__main__:”后面的内容。

（2）__file__：是模块完整的文件名。对于被导入的模块，文件名为绝对路径格式；对于直接执行的模块，文件名为相对路径格式。

(3) __dict__：是模块 globals 名字空间。

(4) __doc__：文档字符串，即模块中在所有语句之前第一个未赋值的字符串。

6.3.4 模块的内置函数

内置函数是在 Python 中不必导入模块，系统自动加载的函数。在学习 Python 的过程中，有几个比较重要的函数。

1. help

(1) 若输入模块名或函数名，则自动搜索并显示模块或方法的说明。

```
>>> help('sys')                 #列出 sys 模块的说明信息
>>> help('sorted')              #列出 sorted 函数的用法
```

(2) 若输入一个对象，会显示这个对象的类型的帮助。

```
>>> x = [3,2,1]
>>> help(x)                     #会显示 list 的说明信息
>>> help(x.append)              #会显示 list 的 append 方法的说明信息
```

2. dir

dir()函数返回任意对象的属性和方法列表，包括模块对象、函数对象、字符串对象、列表对象、字典对象等。尽管查找和导入模块相对容易，但要记住每个模块包含什么却不太简单。幸运的是，Python 提供了一种方法，可以使用内置的 dir()函数来检查模块(以及其他对象)的内容。当为 dir()提供一个模块名的时候，它返回模块定义的属性列表。如果不提供参数，它返回当前模块中定义的属性列表。dir()函数适用于所有对象类型，包括字符串、整数、列表、元组、字典、函数、定制类、类实例和类方法。举例如下：

```
>>> dir()                       #列出当前模块的属性列表
['__builtins__', '__doc__', '__name__', '__package__'] #当前模块的属性列表
```

3. input 与 raw_input 函数

input()与 raw_input()函数都是用于读取用户输入的，不同的是，input()函数期望用户输入的是一个有效的表达式，而 raw_input()函数是将用户的输入包装成一个字符串。举例如下：

```
>>> input('please input expression: ')
please input expression: 1 + 2
3                               #结果是 3,而非'1 + 2',因为 Python 认为输入的是表达式
>>> raw_input('please input: ')
please input: 1 + 2
'1 + 2'                         #结果是'1 + 2',因为 Python 认为输入的是字符串
```

4. print

在 Python 3 版本之前是作为语句使用的，在 Python 3 中 print 是作为函数使用的。举例如下：

```
>>> print 'hello world'
>>> print('hello world')
```

5. type

type()函数返回任意对象的数据类型。在 types 模块中列出了可能的数据类型,这对于处理多种数据类型的函数非常有用。它通过返回类型对象来做到这一点,可以将这个类型对象与 types 模块中定义的类型相比较。举例如下:

```
>>> type('hello')
str                                    #字符串数据类型 str
>>> type(10)
4                                      #整数数据类型 int
```

6. reload

当一个模块被导入到一个脚本,模块顶层部分的代码只会被执行一次。因此,如果想重新执行模块里顶层部分的代码,可以用 reload()函数。该函数会重新导入之前导入过的模块。举例如下:

```
reload(hello)                          #重新加载 hello 模块
```

6.3.5 自定义包

包是一个有层次的文件目录结构,它定义了一个由模块和子包组成的 Python 应用程序执行环境。Python 1.5 加入包,用来帮助解决如下问题:将功能相近的文件组织在一起,以目录结构的形式组织文件,解决模块命名冲突的问题。与模块名类似,包名的命名规则也与变量名相同。

简单地说,包就是文件夹,但包区别于文件夹的重要特征是包内每一层目录都有初始化文件__init__.py,它可以是空文件,也可以有 Python 代码,用于标识当前文件夹是一个包。

创建如下的目录结构:package_foo 目录下的 action1.py、action2.py、__init__.py 文件,test.py 为测试调用包的代码,目录结构如下:

```
test.py
package_foo
|-- __init__.py
|-- action1.py
|-- action2.py
```

其中,package_foo/action1.py 的代码如下:

```
def action1():
    print "I'm in action1"
```

package_foo/action2.py 的代码如下:

```
def action2():
    print "I'm in action2"
```

在 package_foo 目录下创建__init__.py:

package_foo/__init__.py 的代码如下:

```
if __name__ == '__main__':
```

```
    print '作为主程序运行'
else:
    print 'package_foo 初始化'
```


然后在 package_foo 同级目录下创建 test.py,调用 package_foo 包 test.py。

```
from package_foo.action1 import action1        # 导入 package_foo 包中的 action1 模块
from package_foo.action2 import action2        # 导入 package_foo 包中的 action2 模块
action1()
action2()
```

以上实例运行结果:

```
package_foo 初始化
I'm inaction1
I'm inaction2
```

本例中,每个模块中定义一个函数,可以根据需求定义多个函数,也可以在这些模块中定义 Python 类。

6.4 本章小结

本章内容总结如下:

(1) 函数是用来实现代码复用的常用方法。

(2) 定义函数时使用关键字 def。

(3) 可以在函数定义的开头部分使用一对三单引号增加一段注释提示用户函数使用说明。

(4) 定义函数时不需要指定其形参类型,而是根据调用函数时传递的实参自动进行推断。

(5) 测试函数时,一次或几次运行正确并不能说明函数的设计与实现没有问题,应进行尽可能全面的测试。

(6) 对于绝大多数情况,在函数内部直接修改形参的值不会影响实参。

(7) 如果传递给函数的是 Python 可变序列,并且在函数内部使用下标或其他方式为可变序列增加、删除元素或修改元素值时,修改后的结果是可以反映到函数之外的,即实参也得到了相应的修改。

(8) 定义函数时可以为形参设置默认值,如果调用该函数时不为默认值参数传递参数,将自动使用默认值。

(9) 如果使用默认值参数,必须保证默认值参数出现在函数参数列表中的最后,即默认值参数后面不能出现非默认值参数。

(10) 多次调用函数并且不为默认值参数传递值时,默认值参数只在第一次调用时进行解释,对于列表、字典这样复杂类型的默认值参数,这一点可能会导致很严重的逻辑错误。

(11) 传递参数时可以使用关键参数,避免牢记参数顺序的麻烦。

(12) 定义函数时,形参前面加一个星号表示可以接收多个实际参数并将其放置到一个元组中,形参前面加两个星号表示可以接收多个“键-值对”参数并将其放置到字典中。

(13) 为含有多个变量的函数传递参数时,可以使用 Python 列表、元组、集合、字典以及其他可迭代对象作为实参,并在实参名称前加一个星号,Python 解释器将自动进行解包,然后传递给多个单变量实参。

(14) lambda 表达式可以用来创建只包含一个表达式的匿名函数。

(15) 在 lambda 表达式中可以调用其他函数,并支持默认值参数和关键参数。

(16) 定义函数时不需要指定其返回值的类型,而是由 return 语句来决定,如果函数中没有 return 语句或执行了不返回任何值的 return 语句,则 Python 认为该函数返回空值 None。

(17) 在函数内定义的普通变量只在该函数内起作用,称为局部变量。当函数运行结束后,在该函数内部定义的局部变量被自动删除。在函数内部定义的全局变量当函数结束以后仍然存在并且可以访问。

(18) 在函数内部可以通过 global 关键字来声明或者定义全局变量。

6.5 上机实验

上机实验 1 Python 用户自定义函数

【实验目的】

(1) 理解自定义函数过程的定义和调用方法。

(2) 掌握自定义函数的定义和调用方法。

【实验内容】

(1) 编写函数 Leapyear(n),判断输入年份 n 是否为闰年。若是闰年,返回 true;否则返回 false。

【实验思路】

```
def LeapYear(n):
    if n % 4 == 0 and n % 100!= 0 or n % 400 == 0:
        return True
    else:
        return False
def main():
    n = input("Enter the year:")
    print leapYear(n)
```

程序运行结果:

```
>>> main()
Enter the year:2016
True
>>> main()
Enter the year:2017
False
```

(2) 编写函数 Prime(n),判断正整数 n 是否为素数。若是素数,返回 true,否则返回 false。

```
def prime(n):
    if n<2:
        return false
    if n==2:
        return true
    for i in range(2,n):
        if n%i==0:
            return False
        break
    return True
def main():
    n=input("Enter a number:")
    print prime(n)
```

程序运行结果:

```
>>> main()
Enter a number:5
True
>>> main()
Enter a number:6
False
```

(3) 定义计算三角形面积函数 TriangleArea(a,b,c),其中 a,b,c 分别为三条边,面积公式为 $s=\sqrt{p(p-a)(p-b)(p-c)}$,其中,$p=\frac{(a+b+c)}{2}$。

```
import math
def TriangleArea(a,b,c):
    p=0.5*(a+b+c)
    area=math.sqrt(p*(p-a)*(p-b)*(p-c))
    return area
a,b,c=input("Enter three lengths:")
print TriangleArea(a,b,c)
```

程序运行结果:

```
Enter three lengths:2,2,2
1.73205080757
```

上机实验 2 Python 递归函数

【实验目的】

(1) 理解递归函数的定义和调用方法。

(2) 掌握自定义函数的定义和调用方法。

【实验内容】

(1) 采用递归函数实现二分查找。

【实验思路】 采用递归思想，每次搜索原来数据的一半，直到搜索成功或待搜索数据为空。

```
def BinarySearch(list, item):
    first = 0
    last = len(list) - 1
    found = False
    while first <= last and not found:
        mid = (first + last)//2
        if list[mid] == item:
            found = True
        else:
            if item < list[mid]:
                last = mid - 1
            else:
                first = mid + 1
    return found
testlist = [0, 5, 2, 6, 13, 7, 9, 3, 4,]
testlist.sort()
print(binarySearch(testlist, 7))
print(binarySearch(testlist, 10))
```

程序运行结果：

```
True
False
```

(2) 汉诺塔问题。

【实验思路】 汉诺塔问题是一个典型的递归问题，可以通过以下三步实现：

① 将 A 塔上的 n－1 个盘子借助 C 塔先移动到 B 塔上。

② 把塔 A 上剩下的一个盘子移动到塔 C 上。

③ 将其余 n－1 个盘子从 B 塔借助塔 A 移动到塔 C 上。

假设盘子数 n＝3，汉诺塔问题的求解过程如图 6-2 所示。

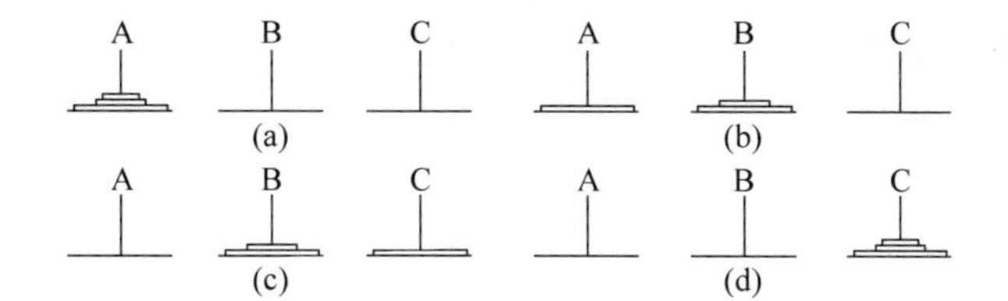

图 6-2　三个盘子的汉诺塔游戏

汉诺塔游戏适合递归求解，每次移动一个大盘子到目标塔上，其余盘子继续移动，直到所有盘子按顺序放到目标塔上。

```
i = 1
def move(n, mfrom, mto):
    global i
    print "第%d步:将%d号盘子从%s -> %s" %(i, n, mfrom, mto)
    i += 1
```

```
def hanoi(n, A, B, C):
    if n == 1 :
        move(1, A, C)
    else :
        hanoi(n - 1, A, C, B)
        move(n, A, C)
        hanoi(n - 1, B, A, C)
n = int(raw_input("请输入盘子数:"))
print "盘子移动步骤如下: "
hanoi(n, 'A', 'B', 'C')
```

程序执行的结果：

```
请输入盘子数:3
盘子移动步骤如下:
第 1 步:将 1 号盘子从 A -> C
第 2 步:将 2 号盘子从 A -> B
第 3 步:将 1 号盘子从 C -> B
第 4 步:将 3 号盘子从 A -> C
第 5 步:将 1 号盘子从 B -> A
第 6 步:将 2 号盘子从 B -> C
第 7 步:将 1 号盘子从 A -> C
    if dicts:
        for f in dicts:
            print_file(os.path.join(path,f))
            print_file(sys.argv[1])
```

上机实验 3　自定义模块的使用

【实验目的】

(1) 掌握模块的定义和使用方法。

(2) 掌握系统模块的使用方法。

【实验内容】

(1) 定义四则运算模块 Operation.py，并利用它进行四则运算。

【实验思路】 在 operation.py 中定义 4 个函数，分别实现加减乘除运算。导入其他程序，提供四则运算服务。

```
#operation.py
def add_func(a,b):                 #定义加法函数 add_func
    return a + b
def sub_func(a,b):                 #定义减法函数 sub_func
    return a - b
def mul_func(a,b):                 #定义加法函数 mul_func
    return a * b
def div_func(a,b):                 #定义除法函数 div_func
    return a/b
#MyApp1.py
import operation
x = input("please input x:")
```

```
y = input("please input y:")
print operation.add_func(x,y)
print operation.sub_func(x,y)
print operation.mul_func(x,y)
print operation.div_func(x,y)
```

程序运行结果：

```
please input x:1
please input y:2
3
-1
2
0
```

(2) 定义模块 manage.py，实现用户登录。

【实验思路】 通过条件判断验证登录用户是否合法，合法返回 true，否则返回 false。

```
#manage.py
def login(username,password)
    if username == 'dawai' and password == '123':
        return True
    else:
        return False
#MyApp2.py
import manage
username = input("请输入用户名: ")
password = input("请输入密码: ")
if manage.login(username,password) == True:
    print "登录成功"
else:
    print "登录失败"
```

(3) 定义模块 verify.py，产生 4 位的随机验证码。

【实验思路】 使用循环控制验证码位数，采用随机数控制产生字母或数字。

```
#verify.py
def VerifyCode():
    import random
    tmp = ''                              #初始随机码为空字符串
    for i in range(4):
        n = random.randrange(0,2)         #生成随机数 0 或 1,决定生成随机数字或字母
        if n == 1:
            num = random.randrange(65, 91) #n 为 1 的时候,生成大写字母
            tmp += chr(num)
        else:
            k = random.randrange(0,10)    #n 为 0 的时候,生成数字
            tmp += str(k)
    return tmp
#MyApp3.py
import verify
print VerifyCode()
```

```
print VerifyCode()
```

程序显示结果：

```
IL5B
6Z9Y
```

上机实验 4　包的使用

【实验目的】

(1) 理解包的概念。

(2) 掌握用户自定义包的使用。

【实验内容】

(1) 位于相同包内的两个模块间的调用。

```
parent
|-- x.py
|-- y.py
```

【实验思路】

包用来组织不同模块，若两个模块都位于同一包内，用其名字直接导入即可。

```
# x.py
def add_func(a,b):
    return a + b
# y.py
    from x import add_func          #等价于 import x
    print ("import add_func from module x")
    print ("result of 1 plus 2 is: ")
    print (add_func(1,2))           #若之前为 import x,则这里应为 x.add_func(1,2)
```

程序运行结果：

```
import add_func from module x
result of 1 plus 2 is:
3
```

(2) 位于不同包内的两个模块间的调用。

Python 定义包的方式较为特殊，假设有一个 parent 文件夹，该文件夹有一个 child 子文件夹，child 中有一个模块 x.py。如何让 Python 知道这个文件的层次结构，每个目录都放一个名为__init__.py 的文件，该文件内容可以为空，这个层次结构如下所示：

```
parent
  |-- __init_.py
  |-- child
    |-- __init_.py
    |-- x.py
y.py
```

【实验思路】 若两个模块位于不同包中，通常将被调用模块的路径放到环境变量 PYTHONPATH 中，该环境变量会自动添加到 sys.path 属性。另一种简便方法是编程中直接指定模块路径到 sys. path 中。

```
import sys
import os
sys.path.append(os.getcwd() + '\\parent\\child') #将当前目录\\parent\\child 加到模块搜索
                                                  #路径
print(sys.path)
from x import add_func                  #从搜索路径中导入模块 x,使用其中的 add_func 函数
print("import add_func from module x")
print("result of 1 plus 2 is: ")
print(add_func(1,2))
```

程序运行结果：

```
import add_func from module x
result of 1 plus 2 is:
3
```

习题 6

一、单项选择题

1. Python 定义函数的关键字是(　　)。

A. define　　B. def　　C. function　　D. module

2. 以下(　　)为函数默认参数形式。

A. def fun(a=8,b):　　B. def fun(a=5,9):

C. def fun(8,9):　　D. def fun(a,b=9):

3. 给出如下函数定义,(　　)是正确的调用方式。

```
def cal( *numbers):
  f = 0
  for n in numbers:
      f = f * n
  return f
```

A. cal(1,2,3)　　B. cal([1,2,3])

C. cal('1', '2', '3')　　D. cal(a=1,b=2,c=3)

4. 给出如下函数定义,(　　)是正确的调用方式。

```
def f( **p):
    k = 1
    for i in p.values():
            k = k * i
    return k
```

A. f([1,2,3])　　B. f(1,2,3)

C. f(a=1,b=2,c=3)　　D. f('1', '2', '3')

5. 简单变量作为实参时,它和对应的形参之间的数据传递方式是(　　)。

A. 由形参传给实参　　B. 由实参传给形参

C. 由实参传给形参,再由形参传给实参　　D. 由用户指定传递方向

6. 以下说法不正确的是(　　)。
   A. 在不同函数中可以使用相同名字的变量
   B. 函数可以减少代码的重复,也使得程序可以更加模块化
   C. 主调函数内的局部变量,在被调函数内不赋值也可以直接读取
   D. 函数体中如果没有 return 语句,也会返回一个 None 值
7. Python 声明全局变量的关键字是(　　)。
   A. global　　B. public　　C. default　　D. all
8. 若一个函数在内部调用自身,这样的函数称为(　　)。
   A. 递归函数　　B. 回溯函数　　C. 内嵌函数　　D. 回调函数
9. 下列程序的执行结果为(　　)。

```
f = lambda x,y:x ** y
print f(2,6)
```

   A. 2　　B. 64　　C. 10　　D. 12
10. 下列程序的执行结果为(　　)。

```
def addItem(list):
    list + = [1]
mylist = [1, 2, 3, 4]
addItem(mylist)
print len(mylist)
```

   A. 1　　B. 4　　C. 5　　D. 8
11. 下列程序的执行结果为(　　)。

```
def dostuff(param1, * param2):
    print type(param2)
dostuff('apples', 'bananas', 'cherry', 'dates')
```

   A. < type, 'str '>　　B. < type 'dict '>
   C. < type 'tuple '>　　D. < type 'list '>
12. 下列程序的执行结果为(　　)。

```
def myfunc(x, y, z, a = 4):
    print x + y + a
nums = [1, 2, 3]
myfunc( * nums)
```

   A. 1　　B. 6　　C. 7　　D. 10
13. 下列程序的执行结果为(　　)。

```
d = lambda p: p * 2
t = lambda p: p * 3
x = 2
x = d(x)
x = t(x)
x = d(x)
print x
```

A. 7　　B. 12　　C. 24　　D. 36

14. 若设置 PYTHONPATH 环境变量，则(　　)目录被设置为模块搜索目录。

A. PYTHONPATH 对应的目录　　B. Python 当前目录

C. home 目录　　D. 安装时的缺省目录

15. 下列程序的执行结果为(　　)。

```
counter = 1
def doLotsOfStuff():
    global counter
    for i in (1, 2, 3):
    counter + = 1
doLotsOfStuff()
print counter
```

A. 1　　B. 3　　C. 4　　D. 7

16. 下列程序的执行结果为(　　)。

```
values = [2, 3, 2, 4]
def my_transformation(num):
    return num ** 2
for i in map(my_transformation, values):
print i
```

A. 2 3 2 4　　B. 4 6 4 8　　C. 1 1 1 2　　D. 4 9 4 16

17. 下列程序的执行结果为(　　)。

```
import math
print math.floor(5.5)
```

A. 5　　B. 5.0　　C. 5.5　　D. 6

18. 代码 sys.path.append('/root/mods')的作用是(　　)。

A. 改变 Python 的运行目录为"/root/mods"

B. 改变当前工作目录

C. 增加目录"/root/mods"到 Python 模块的搜索目录

D. 删除模块当前目录

19. 定义一个函数，若没有 return 语句，则返回值为(　　)。

A. void　　B. 空字符串　　C. None　　D. null

20. 下列程序的执行结果为(　　)。

```
while True:
    counter = 2
    break;
print(counter)
```

A. 变量没有定义　　B. 2　　C. 0　　D. 3

二、多项选择题

1. 下列(　　)是 Python 的内置函数。

A. dir　　B. help　　C. input　　D. parameters

E. print

2. 下列(　　)是 math 模块中的函数。

A. sqrt　　B. power　　C. floor　　D. mod

E. ceil

3. Python 导入模块的方法有(　　)。

A. import 模块名[as 别名]

B. from 模块名 import 对象名[as 别名]

C. export 模块名

D. import 模块名 from

E. from 模块名 import *

4. 已知函数定义 def func(*p):return sum(p),那么表达式 func(1,2,3)的值为(　　);已知函数定义 def func(*p):return sum(p),那么表达式 func(1,2,3, 4)的值为(　　);已知函数定义 def func(**p):return sum(p.values()),那么表达式 func(x=1, y=2, z=3)的值为(　　);已知函数定义 def func(**p):return ''.join(sorted(p)),那么表达式 func(x=1, y=2, z=3)的值为(　　)。

A. 6　　B. xyz　　C. 'xyz'　　D. 8

E. 10

5. Python 实现排序的内置函数有(　　)。

A. rank　　B. sort　　C. order　　D. sorted

E. array

三、判断题

1. 调用函数时,在实参前面加一个星号 *,表示序列解包。(　　)

2. Python 使用缩进来体现代码之间的逻辑关系。(　　)

3. 函数是代码复用的一种方式。(　　)

4. 定义函数时,即使该函数不需要接收任何参数,也必须保留一对空的圆括号来表示这是一个函数。(　　)

5. 编写函数时,一般建议先对参数进行合法性检查,然后再编写正常的功能代码。(　　)

6. 一个函数如果带有默认值参数,那么必须所有参数都设置默认值。(　　)

7. 定义 Python 函数时,如果函数中没有 return 语句,则默认返回空值 None。(　　)

8. 如果在函数中有语句 return 3,那么该函数一定会返回整数 3。(　　)

9. 函数中必须包含 return 语句。(　　)

10. 函数中的 return 语句一定能够得到执行。(　　)

11. 定义 Python 函数时必须指定函数返回值类型。(　　)

12. 不同作用域中的同名变量之间互相不影响,也就是说,在不同的作用域内可以定义同名的变量。(　　)

13. 全局变量会增加不同函数之间的隐式耦合度,从而降低代码可读性,因此应尽量避免过多使用全局变量。(　　)

14. 函数内部定义的局部变量当函数调用结束后被自动删除。（ ）

15. 在函数内部没有办法定义全局变量。（ ）

16. 在函数内部直接修改形参的值并不影响外部实参的值。（ ）

17. 在函数内部没有任何方法可以影响实参的值。（ ）

18. 调用带有默认值参数的函数时，不能为默认值参数传递任何值，必须使用函数定义时设置的默认值。（ ）

19. 在 Python 中定义函数时不需要声明函数参数的类型。（ ）

20. 在同一个作用域内，局部变量会隐藏同名的全局变量。（ ）

21. 形参可看做是函数内部的局部变量，函数运行结束之后形参就不可访问了。（ ）

22. 在函数内部，既可以使用 global 来声明使用外部全局变量，也可以使用 global 直接定义全局变量。（ ）

23. 假设 random 模块已导入，那么表达式 random.sample(range(10), 20)的作用是生成 20 个不重复的整数。（ ）

24. 假设 random 模块已导入，那么表达式 random.sample(range(10), 7)的作用是生成 7 个不重复的整数。（ ）

25. 执行了 import math 之后即可执行语句 print sin(pi/2)。（ ）

26. 一个函数中只允许有一条 return 语句。（ ）

27. Python 3.x 和 Python 2.x 唯一的区别就是：print 在 Python 2.x 中是输出语句，而在 Python 3.x 中是输出函数。（ ）

28. Python 不允许使用关键字作为变量名，允许使用内置函数名作为变量名，但这会改变函数名的含义。（ ）

29. Python 2.x 和 Python 3.x 中 input()函数的返回值都是字符串。（ ）

30. 在一个软件的设计与开发中，所有类名、函数名、变量名都应该遵循统一的风格和规范。（ ）

31. 在函数内部没有任何声明的情况下直接为某个变量赋值，这个变量一定是函数内部的局部变量。（ ）

32. 调用函数时传递的实参个数必须与函数形参个数相等。（ ）

33. 在调用函数时，必须牢记函数形参顺序才能正确传值。（ ）

34. 在调用函数时，可以通过关键参数的形式进行传值，从而避免必须记住函数形参顺序的麻烦。（ ）

35. 定义函数时，带有默认值的参数必须出现在参数列表的最右端，任何一个带有默认值的参数右边不允许出现没有默认值的参数。（ ）

36. 在编写函数时，建议首先对形参进行类型检查和数值范围检查之后再编写功能代码，或者使用异常处理结构，尽量避免代码抛出异常而导致程序崩溃。（ ）

第7章 Python 的控制语句

与其他程序设计语言一样，Python 使用条件语句和循环控制结构确定控制流程。本章我们讨论条件语句、循环语句以及相关语句。

7.1 print 语句

print 语句的功能是按用户指定的格式，把指定的数据显示到显示器屏幕上。Python 的 print 语句类似于 C 语言中的 printf 函数，这里需要说明的是，在 Python 3.0 以上版本中，print 不再是语句而是函数。

print 语句的一般形式如下：

print "string %[标识位][指定最小宽度][.精度]format1.." % (variable1,..)

其中方括号[]中的项为可选项。

各项的意义介绍如下：

(1) format：format 用以表示输出数据的格式字符，其格式符和意义如表 7-1 所示。

表 7-1 常用的输出格式字符

格式字符	意义
d	以十进制形式输出带符号整数(正数不输出符号)
o	以八进制形式输出无符号整数(不输出前缀 0)
x,X	以十六进制形式输出无符号整数(不输出前缀 Ox)
u	以十进制形式输出无符号整数
f	以小数形式输出单、双精度实数
e,E	以指数形式输出单、双精度实数
g,G	以%f 或%e 中较短的输出宽度输出单、双精度实数
c	输出单个字符
s	输出字符串

(2) 标识：标识字符为一、＋、＃、空格 4 种，其意义如表 7-2 所示。

表 7-2 标识符

标识	意义
－	结果左对齐，右边填空格
＋	输出符号(正号或负号)
空格	输出值为正时冠以空格，为负时冠以负号
＃	对 c,s,d,u 类无影响；对 o 类，在输出时加前缀 o；对 x 类，在输出时加前缀 0x；对 e,g,f 类当结果有小数时才给出小数点

（3）输出最小宽度：用十进制整数来表示输出的最少位数。若实际位数多于定义的宽度，则按实际位数输出，若实际位数少于定义的宽度则补以空格或0。

（4）精度：精度格式符以“.”开头，后跟十进制整数。本项的意义是：如果输出数字，则表示小数的位数；如果输出的是字符，则表示输出字符的个数；若实际位数大于所定义的精度数，则截去超过的部分。

【例 7-1】

```
#e1.py
name = "zhanghong"
room = 501
email = "zhang@163.com"
print name,room
print email
print "Message:",
print name,room,email
print "MY name is: %s\nMy room is: %d\nMy email is: %s" %(name,room,email)
a = 88
b = 123456.123456
print "%d %5.4lf\n" %(a,b)
print "%8s, %3s, %7.2s, % -5.3s, %.4s\n" %("China","China","China","China","China")
```

执行结果：

```
zhanghong 501
zhang@163.com
Message: zhanghong 501 zhang@163.com
MY name is:zhanghong
My room is:501
My email is:zhang@163.com
88 123456.1235
   China,China, Ch,Chi ,Chin
```

其中 print name, room 把变量 name, room 的值 zhanghong 501 显示在屏幕上；print "Message: ",把字符串"Message: "显示在屏幕上，除此之外由于该语句在结尾处加上了“,”(逗号)，那么接下来的语句会与前一条语句在同一行上打印，于是

```
print "Message: ",
print name,room,email
```

的显示结果为：

```
Message: zhanghong 501 zhang@163.com
```

语句

```
print "MY name is: %s\nMy room is: %d\nMy email is: %s" %(name,room,email)
print "%d %5.4lf\n" %(a,b)
print "%8s, %3s, %7.2s, %-5.3s, %.4s\n" %("China","China","China","China","China")
```

添加了格式控制字符串用于指定输出格式。输出表列中给出了各个输出项，要求格式字符串和各输出项在数量和类型上应该一一对应。

输出结果为：

```
MY name is:zhanghong
My room is:501
My email is:zhang@163.com
88 123456.1235
  China,China,     Ch,Chi   ,Chin
```

7.2　赋 值 语 句

在 7.1 节中，我们已用过赋值语句的最简单形式了，在 Python 中还有一些隐形的赋值语句，如 import，from，def，class，for 函数参数等。我们这节只讨论赋值语句的基本形式，在等号左边写下要赋值的目标，右边写上被赋值的对象，左边的目标可以是一个变量名字或对象组件，右边的对象可以是一个对象的任意计算表达式，即：

```
需要赋值的目标 = 表达式
```

需要指出的是，Python 的赋值语句具有以下几个特点：

- 赋值生成对象索引。Python 赋值在数据结构中生成对象的引用，而不是对象的拷贝。由此与数据存储结构相比，Python 变量更像 C 语言中的指针。
- 变量第一次赋值即已生成。Python 在第一次给变量赋值时就生成变量名，无须事先定义。一旦赋值，一个变量名出现在表达式中，就被它所引用的值替代。
- 变量名在引用前必须赋值。

Python 中赋值语句有很多种用法，以下将一一讲解。

1. 基本形式

将一个表达式的值赋给一个变量。如 name="zhenghong"，room=501 等。

2. 元组赋值

将表达式值的序列赋给变量序列。如 name，room="zhenghong"，501。

3. 列表赋值

将表达式列表值赋给多个变量。如[name，room]=["zhenghong",501]。

当在等号的左边使用元组或列表的时候，Python 将左边的目标与右边的对象匹配，并且从左到右赋值，这通常叫作元组或列表的析取赋值。一般情况下右边元素的数目要跟左侧变量的数目相同。利用元组赋值可以很容易地交换两个变量的值也可以与 range()函数配合给系列变量赋整数值。

【例 7-2】

```
#e2.py
x = 1
y = 2
x,y = y,x
print x,y
[name,room] = ["zhenghong",501]
print name,room
a,b,c,d = range(4)
```

```
print a,b,c,d
```

执行结果：

```
2 1
Zhenghong 501
0 1 2 3
```

4. 链式赋值

链式赋值就是将同一个值赋给多个变量。如 a＝b＝c＝d＝1。

5. 增强赋值

增强赋值通常是将运算形式简化，比完整形式的赋值执行得更快，同时会自动选择优化技术。例如对于列表，＋＝赋值会自动调用较快的 extend()方法，而不是使用较慢的＋合并运算。

如：x＋＝3　　　　等价于 x＝x＋3

　　x－＝3　　　　等价于 x＝x－3

　　x＊＝3　　　　等价于 x＝x＊3

　　x/＝2＊y－10　　等价于 x＝x/(2＊y－10)

【例 7-3】

```
#e3.py
x = 1
y = 2
x,y = y,x
print x,y
a,b,c,d = range(4)
print a,b,c,d
x+ = y+2
x* = x+y
x/ = y+3
y* = x+y
print x,y
a = b = c = d = 6
print a,b,c,d
```

执行结果：

```
2 1
0 1 2 3
7 8
6 6 6 6
```

7.3 条件语句

在程序设计时，如果需要根据某些条件做出判断，决定不同的处理方法，则需要用到条件语句。下面将介绍 Python 中条件语句的几种形式。

7.3.1 if 语句

if 语句的最基本最简单的形式为

```
if 判断条件:
    语句
```

其语义是：如果表达式的值为真，则执行其后的语句，否则不执行该语句。其执行过程可表示为图 7-1。

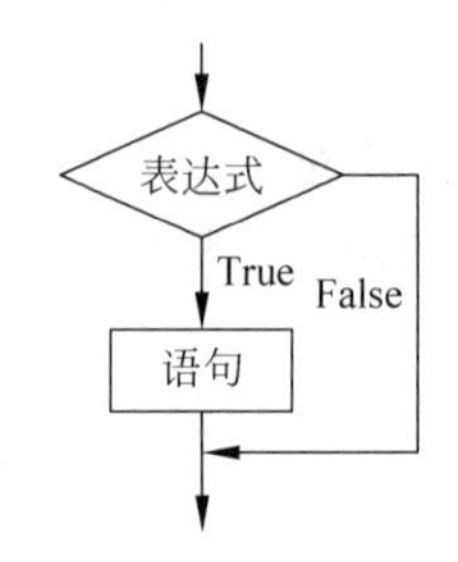

图 7-1 简单 if 语句执行流程

【例 7-4】

```
#e4.py
a = input("input a = ")
b = input("input b = ")
max = a
if max < b:
    max = b
print "max = ",max
```

执行结果：

```
input a = 6
input b = 5
max =  6
```

本例程序中，输入两个数 a，b：a=6，b=5。把 a 先赋予变量 max，再用 if 语句判别 max 和 b 的大小，如 max 小于 b，则把 b 赋予 max。因此 max 中总是大数，最后输出 max 的值。

7.3.2 else 子句

带 else 子句的 if 语句即双分支语句，其一般形式如下：

```
if 表达式:
    语句 1
else:
    语句 2
```

其语义是：如果表达式的值为真，则执行语句 1，否则执行语句 2。其执行流程如图 7-2 所示。此处需要注意的是，在程序书写中 else 应与 if 对齐，Python 对语句的对齐方式有要求。

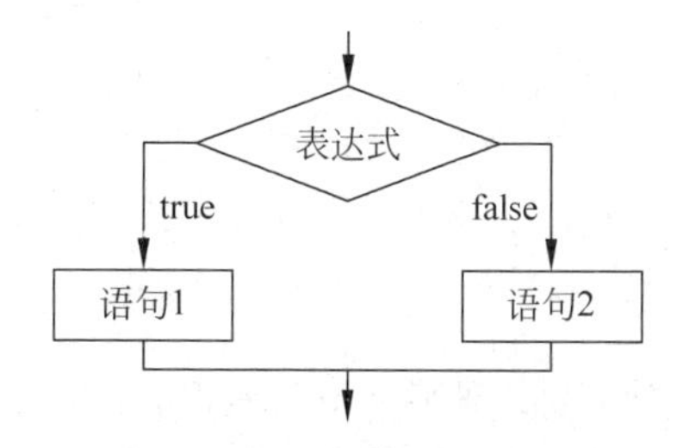

图 7-2　双分支 if 语句执行流程

输入两个整数,输出其中的大数。改用 if…else 语句判别 a,b 的大小,若 a 大,则输出 a,否则输出 b。其程序如下:

【例 7-5】

```
#e5.py
a = input("input a = ")
b = input("input b = ")
if a > b:
  print "max =  %d" % (a)
else:
  print "max =  %d" % (b)
```

执行结果:

```
input a = 7
input b = 5
max =  7
```

【例 7-6】 输入任意两个整数,并按由大到小的次序输出。

```
#e6.py
a = input("input a = ")
b = input("input b = ")
if a < b:
    print b,a
else:
    print a,b
```

执行结果:

```
input a = 5
input b = 6
6 5
```

7.3.3 elif 子句

前两种形式的 if 语句一般都用于两个分支的情况。当有多个分支选择时,可采用 if…elif 语句,其一般形式为:

```
if 表达式 1:
    执行语句 1…
elif 表达式 2:
```

```
    执行语句 2…
elif 表达式 3:
    执行语句 3…
…
else:
    执行语句 n…
```

其语义是：依次判断表达式的值，当出现某个值为真时，则执行其对应的语句。然后跳到整个 if 语句之外继续执行程序。如果所有的表达式均为假，则执行语句 n。然后继续执行后续程序。if…elif 语句的执行过程如图 7-3 所示。

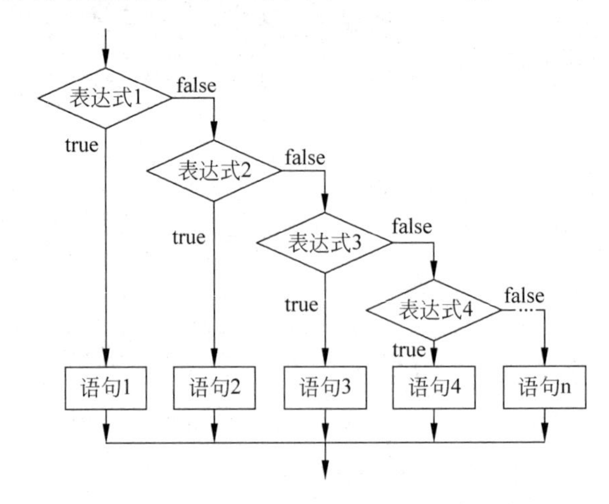

图 7-3　多分支 if 语句执行流程

【例 7-7】 判断由键盘输入的字符类型。

本例要求判别键盘输入字符的类别。可以根据输入字符的 ASCII 码来判别类型。由 ASCII 码表可知 ASCII 值小于 32 的为控制字符。在"0"和"9"之间的为数字，在"A"和"Z"之间的为大写字母，在"a"和"z"之间的为小写字母，其余则为其他字符。这是一个多分支选择的问题，用 if…elif 语句编程，判断输入字符 ASCII 码所在的范围，分别给出不同的输出。例如输入为"e"，输出显示它为小写字符。程序如下：

```
#e7.py
c = raw_input("Input a character :");
if c<32:
  print "This is a control character\n"
elif c>= '0' and c<= '9':
  print "This is a digit\n"
elif c>= 'A' and c<= 'Z':
  print "This is a capital letter\n"
elif c>= 'a' and c<= 'z':
  print "This is a small letter\n"
else:
  print "This is another character\n"
```

执行结果：

```
Input a character:e
```

```
This is a small letter
```

由于 Python 并不支持 switch 语句，所以多个条件判断，只能用 elif 来实现。

【例 7-8】 输入两个运算量及一个运算符，如 7+3，6 * 8 等，用程序实现四则运算并输出运算结果。

```
#e8.py
a = input("a = ")
c = raw_input("input expression:( + , - , * ,/) ")
b = input("b = ")
if c == '+':
    print "result = %f\n" % (a + b)
elif c == '-':
    print "result = %f\n" % (a - b)
elif c == '*':
    print "result = %f\n" % (a * b)
else:
    print "input error\n"
```

执行结果：

```
a = 7
input expression:( + , - , * ,/) +
b = 3
result = 10.000000

>>>
================ RESTART: C:/Python27/e8.py ================
a = 6
input expression:( + , - , * ,/) *
b = 8
result = 48.000000

>>>
================ RESTART: C:/Python27/e8.py ================
a = 5
input expression:( + , - , * ,/) 0
b = 6
input error
```

7.3.4 if 语句的嵌套代码块

if 语句里面可以嵌套使用 if 语句。下面是三种 if 语句的不同嵌套形式。

(1)

```
if 表达式 1:
    if 表达式 2:
        语句 1
    else:
        语句 2
else:
```

```
    if 表达式 3:
        语句 3
    else:
        语句 4
```

(2)

```
if 表达式 1:
    if 表达式 2:
        语句 1
    else:
        语句 2
else:
    语句 3
```

(3)

```
if 表达式 1:
    语句 1
else:
    If 表达式 2:
        语句 2
    else:
        语句 3
```

【注意】 Python 中在代码块周围没有括号{}或开始/结束界定符号，它采用缩进形式将语句分组，缩进的空白数量是可变的，但是同一代码块语句必须包含相同的缩进空白数量。

【例 7-9】

```
#e9.py
a= -1
b=3
c=3
s=w=t=0
if c>0:
   s=a+b
if a<=0:
   if b>0:
      if c<=0:
         w=a-b
else:
    if c>0:
       w=a-b
    else:
       t=c
print "s= %d,w= %d,t= %d" % (s,w,t)
```

执行结果为：

```
s=2,w=0,t=0
```

【例 7-10】 比较两个数的大小关系。

```
#e10.py
a = input("a = ")
b = input("b = ")
if a!= b:
    if a > b:
       print "A > B\n"
    else:
       print "A < B\n"
else:
    print "A = B\n"
```

执行结果：

```
a = 2
b = 3
A < B
>>>
===================== RESTART: C:\Python27\e10.py =====================
a = 4
b = 3
A > B
>>>
===================== RESTART: C:\Python27\e10.py =====================
a = 5
b = 5
A = B
```

【例 7-11】

```
#e11.py
a = c = 0
b = 1
d = 20
if a:
   d = d - 10;
else:
    if not b:
       if not c:
          d = 15
       else:
          d = 25
print "d = %d\n" % d
```

执行结果：

```
d = 20
```

7.3.5 条件语句程序举例

【例 7-12】 输入三个整数，输出最大数和最小数。

欲编制程序，需首先比较输入的两个数 a，b 的大小，并把大数装入 max，小数装入 min

中，然后再与输入的第三个数 c 比较，若 max 小于 c，则把 c 赋予 max；如果 c 小于 min，则把 c 赋予 min。因此 max 内总是最大数，而 min 内总是最小数。最后输出 max 和 min 的值即可。编制程序如下：

```
#p12.py
a = input("a = ")
b = input("b = ")
c = input("c = ")
if a > b:
   max = a
   min = b
else:
   max = b
   min = a
if max < c:
   max = c
else:
    if min > c:
       min = c;
print "max = %d\nmin = %d" % (max,min)
```

执行结果：

```
a = 89
b = 31
c = 76
max = 89
min = 31
```

【例 7-13】 编写闰年判别程序。

闰年判断方法是：如果某年（以公元历表示）是 4 的倍数而不是 100 的倍数，或者是 400 的倍数，那么这一年是闰年。也就是说闰年首先能够被 4 整除（即用 4 取余为 0）；在被 4 整除的年份中显然含有被 100 整除的年份，但也不能将这些被 100 整除的年份统统排除于闰年之外，因为其中能够被 400 整除的仍然是闰年，所以在能够被 4 整除同时又能被 100 整除的年份中，找出能被 400 整除的那些闰年来。由此我们将这些条件用一个逻辑表达式来描述：能够被 4 整除且不能被 100 整除或者能被 400 整除的年份是闰年。程序编制如下：

```
#e13.py
y = input("year = ")
if y % 400 == 0:
   f = 1
else:
   if (y % 4 == 0 and y % 100!= 0) or y % 400 == 0:
      f = 1
   else:
      f = 0
if f:
   print "%d is a leap year\n" % y
else:
   print "%d is not a leap year\n" % y
```

执行结果：

```
year = 1998
1998 is not a leap year
>>>
======================== RESTART: C:/Python27/13.py ========================
year = 2008
2008 is a leap year
```

7.4 循环语句

Python 提供了各种控制结构，允许更复杂的执行路径。循环语句允许我们在给定条件成立时执行一个语句或语句组多次，直到条件不成立为止。给定的条件称为循环条件，反复执行的程序段称为循环体。同时 Python 语言提供了 for 循环和 while 循环，可以组成不同形式的循环结构。

7.4.1 while 循环

Python 编程中 while 语句用于在某条件下，循环执行某段程序，以处理需要重复处理的相同任务。其基本形式为：

```
while 判断条件:
    执行语句
```

while 语句的语义是：计算判断条件中表达式的值，当值为真 true(非 0)时，执行语句，当判断条件为假 false 时，循环结束。其中执行语句可以是单个语句或语句组。判断条件可以是任何表达式，任何非零、或非空(null)的值均为 true。其执行过程可用图 7-4 表示。

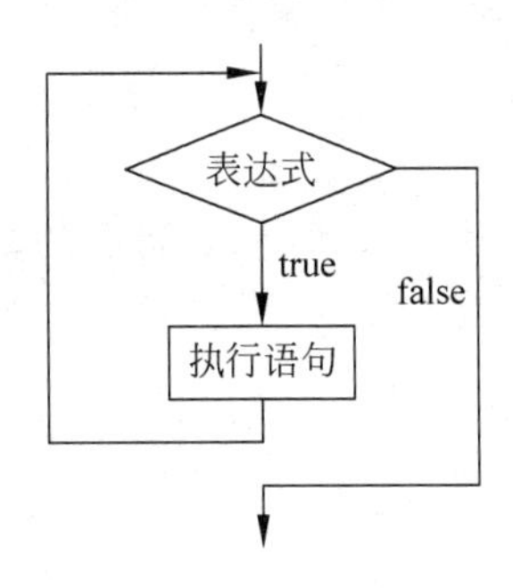

图 7-4　while 语句流程图

【例 7-14】 在歌星大奖赛中，有 10 个评委为参赛的选手打分，分数为 1～100 分。选手最后得分为：去掉一个最高分和一个最低分后其余 8 个分数的平均值。请编写一个程序实现。

```
#e14.py
max = -32768
min = 32767
sum = 0
i = 1
```

```
    while i<=10:
        print "Input number %d=" %(i),
        integer=int(input())
        sum+=integer
        if integer>max:
            max=integer
        if integer<min:
            min=integer
        i=i+1
    print "Canceled max score: %d\nCanceled min score: %d\n" %(max,min)
    print "Average score: %d" %((sum-max-min)/8)
```

执行结果：

```
Input number 1 =  95
Input number 2 =  94
Input number 3 =  93
Input number 4 =  94
Input number 5 =  90
Input number 6 =  99
Input number 7 =  98
Input number 8 =  92
Input number 9 =  91
Input number 10 =  95
Canceled max score:99
Canceled min score:90
Average score:94
```

在这个程序中，我们先假设当前的最大值max为整型数的最小值−32768，当前的最小值min为整型数的最大值32767，将求累加和变量sum的初值置为0，然后依次输入评委的评分，在这个过程中找出其中的最大、最小值并计算出这些分数的总和，最后输出的(sum-max-min)/8即为该歌手的最后得分。

【例7-15】 给出一个数字，让用户去猜，如果猜出的数字大了给出“大了”提示，如果猜出的数字小了给出“小了”的提示，直到猜出为止。

```
#e15.py
number=27
r=1
while r:
    guess=input("Enter an integer:")
    if guess==number:
        print "Congratulation, you guessed it."
        print "The while loop is over."
        r=0
    elif guess<number:
        print "No, it is a little bigger than this."
    else:
        print "No, it is a little lower than this."
```

执行结果：

```
Enter an integer:80
No, it is a little lower than this.
Enter an integer:70
No, it is a little lower than this.
Enter an integer:24
No, it is a little bigger than this.
Enter an integer:25
No, it is a little bigger than this.
Enter an integer:27
Congratulation,you guessed it.
The while loop is over.
```

7.4.2 for 循环

从上面的介绍可以看出，while 语句非常灵活，它可以用来在任何条件为真的情况下重复执行一组代码。但有时候比如要为一个集合（序列和其他可迭代对象）的每个元素都执行一组代码，我们可以使用 for 语句，它提供了 Python 中强大的循环结构。它可以遍历序列成员，可以用在列表解析和生成器表达式中，会自动地调用迭代器的 next()方法，捕获 Stop Iteration 异常并结束循环（所有这一切都是在内部发生的）。for 语句一般格式如下：

```
for <迭代目标变量> in <迭代对象序列>:
    <循环体>
```

每次循环，迭代目标变量被设置为可迭代对象（序列、迭代器或者是其他支持迭代的对象）的当前元素，提供给循环体使用，其执行流程如图 7-5 所示。

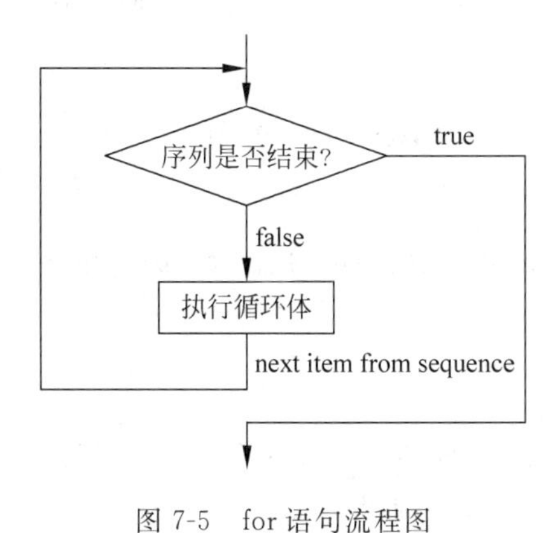

图 7-5 for 语句流程图

【例 7-16】

```
#e16.py
for name in ["Andrew","Alston","Baron","Calvin"]:
    print name
```

执行结果：

```
Andrew
Alston
```

```
Baron
Calvin
```

在这个例子中名字 name 被依次赋值为"Andrew","Alston","Baron","Calvin",从左到右,print 语句为每一项打印。

【例 7-17】

```
#e17.py
for i in range(1, 5):
    print i
```

执行结果:

```
1
2
3
4
```

在这个程序中打印了一个序列的数。我们使用内建的 range 函数生成这个数的序列。我们所做的只是提供两个数,range 返回一个序列的数。这个序列从第一个数开始到倒数第二个数为止。例如,range(1,5)给出序列[1, 2, 3, 4]。默认地,range 的步长为 1。如果我们为 range 提供第三个数,那么它将成为步长。例如,range(1,5,2)给出[1,3]。

for 循环在这个范围内递归 for i in range(1,5)等价于 for i in [1, 2, 3, 4],这就如同把序列中的每个数(或对象)赋值给 i,一次一个,然后以每个 i 的值执行这个程序块。在这个例子中,我们只是打印 i 的值。

值得注意的是,for…in 循环对于任何序列都适用。这里我们使用的是一个由内建 range 函数生成的数的列表,但是广义来说,我们可以使用任何种类的由任何对象组成的序列。

7.4.3 Python break 和 continue 语句

1. Python break 语句

Python break 语句用来终止循环语句,从循环体内跳出。

break 语句的一般形式为:

```
break
```

break 语句用在 while 和 for 循环中。如果使用嵌套循环,break 语句将停止执行最深层的循环,并开始执行下一行代码。其执行流程如图 7-6 所示。

【例 7-18】

```
#e18.py
pi = 3.14159
r = 1
while r <= 10:
    area = pi * r * r
    if area > 100:
        break
```

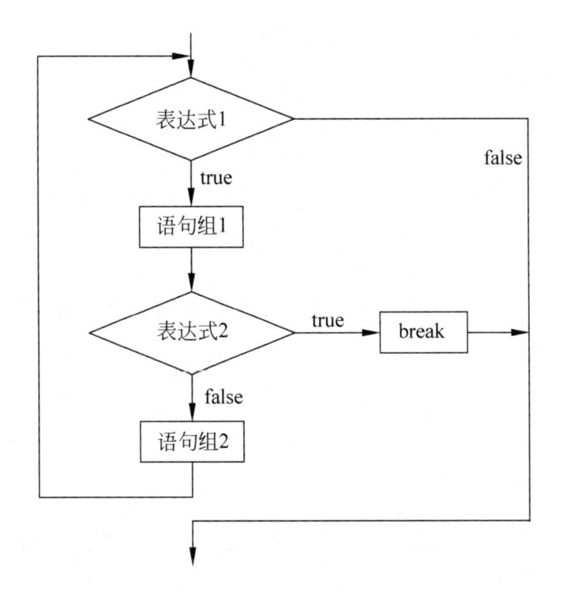

图 7-6　break 语句流程图

```
    print "r = %f,area = %f\n" % (r,area)
    r = r + 1
```

执行结果：

```
r = 1.000000,area = 3.141590
r = 2.000000,area = 12.566360
r = 3.000000,area = 28.274310
r = 4.000000,area = 50.265440
r = 5.000000,area = 78.539750
```

此程序计算 r=1 到 r=10 时的圆面积，直到面积 area 大于 100 为止，从上面的 while 循环可以看到：当 area>100 时，执行 break 语句，提前结束循环，即不再执行其余的循环。

【例 7-19】

```
#e19.py
from math import sqrt
for n in range(99,0,-1):
    root = sqrt(n)
    if root == int(root):
        print n
        break
```

执行结果：

```
81
```

以上程序为寻找 100 以内的最大完全平方数，程序开始从 100 往下迭代到 0，range 函数中设置了第三个参数"-1"，表示步长为-1，当找到第一个完全平方数时就不需要继续循环了，所以用 break 语句跳出，此时得到的数值 n 即为 100 以内最大的完全平方数。

2. Python continue 语句

Python continue 语句用来告诉 Python 跳过当前循环的剩余语句，然后继续进行下一轮循环。continue 语句用在 while 和 for 循环中。

continue 语句的一般形式为：

```
continue
```

其执行流程如图 7-7 所示。

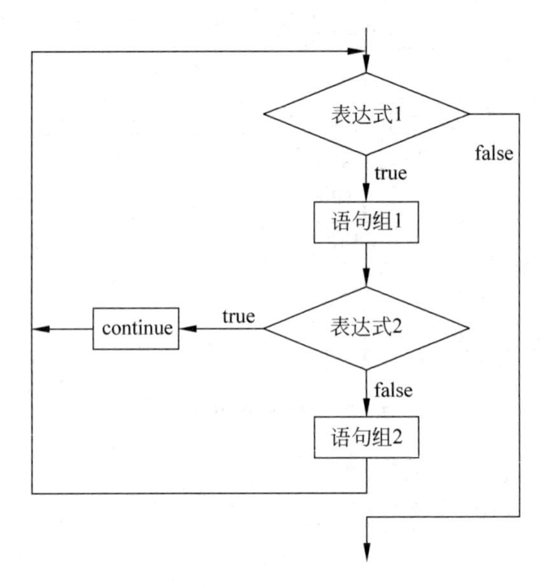

图 7-7　continue 语句流程图

【例 7-20】

```
#e20.py
i = 0
while i < 10:
    i = i + 1
    if i % 2 == 0:   # 如果 i 是偶数,执行 continue 语句
        continue     # continue 语句会直接继续下一轮循环,后续的 print 语句不会执行
    print "奇数",i
```

执行结果：

```
奇数 1
奇数 3
奇数 5
奇数 7
奇数 9
```

以上程序只显示 1～10 中的所有奇数,屏蔽掉偶数。

【例 7-21】

```
#e21.py
for letter in 'abcdef':
   if letter == 'b' or letter == 'e':
     continue
   print 'letter:', letter
```

执行结果：

```
letter: a
letter: c
letter: d
letter: f
```

以上程序屏蔽了字母 b 和字母 e，显示其余字母。

7.4.4 Python 循环嵌套

Python 语言允许在一个循环体里面嵌入另一个循环，即 while 语句里面嵌套 while 语句，for 语句里嵌套 for 语句。也可以在循环体内嵌入其他的循环体，如在 while 循环中可以嵌入 for 循环，反之，可以在 for 循环中嵌入 while 循环。

【例 7-22】 使用 while 嵌套打印乘法口诀表。

```
#e22.py
i = 0
j = 0
while i < 9:
    i += 1
    while j < 9:
        j += 1
        print j,"x",i," = ",i * j,
        if i == j:
            j = 0
            print "\n"
            break
print "End"
```

执行结果：

```
1 × 1 = 1
1 × 2 = 2 2 × 2 = 4
1 × 3 = 3 2 × 3 = 6 3 × 3 = 9
1 × 4 = 4 2 × 4 = 8 3 × 4 = 12 4 × 4 = 16
1 × 5 = 5 2 × 5 = 10 3 × 5 = 15 4 × 5 = 20 5 × 5 = 25
1 × 6 = 6 2 × 6 = 12 3 × 6 = 18 4 × 6 = 24 5 × 6 = 30 6 × 6 = 36
1 × 7 = 7 2 × 7 = 14 3 × 7 = 21 4 × 7 = 28 5 × 7 = 35 6 × 7 = 42 7 × 7 = 49
1 × 8 = 8 2 × 8 = 16 3 × 8 = 24 4 × 8 = 32 5 × 8 = 40 6 × 8 = 48 7 × 8 = 56 8 × 8 = 64
1 × 9 = 9 2 × 9 = 18 3 × 9 = 27 4 × 9 = 36 5 × 9 = 45 6 × 9 = 54 7 × 9 = 63 8 × 9 = 72 9 × 9 = 81
End
```

【例 7-23】 使用 for 嵌套打印乘法口诀表。

```
#e23.py
for i in range(1,10):
    for j in range(1,10):
        print j,"x",i," = ",i * j,
        if i == j:
            print("\n")
            break
print "End."
```

执行结果：

```
1 × 1 = 1
1 × 2 = 2 2 × 2 = 4
1 × 3 = 3 2 × 3 = 6 3 × 3 = 9
1 × 4 = 4 2 × 4 = 8 3 × 4 = 12 4 × 4 = 16
1 × 5 = 5 2 × 5 = 10 3 × 5 = 15 4 × 5 = 20 5 × 5 = 25
1 × 6 = 6 2 × 6 = 12 3 × 6 = 18 4 × 6 = 24 5 × 6 = 30 6 × 6 = 36
1 × 7 = 7 2 × 7 = 14 3 × 7 = 21 4 × 7 = 28 5 × 7 = 35 6 × 7 = 42 7 × 7 = 49
1 × 8 = 8 2 × 8 = 16 3 × 8 = 24 4 × 8 = 32 5 × 8 = 40 6 × 8 = 48 7 × 8 = 56 8 × 8 = 64
1 × 9 = 9 2 × 9 = 18 3 × 9 = 27 4 × 9 = 36 5 × 9 = 45 6 × 9 = 54 7 × 9 = 63 8 × 9 = 72 9 × 9 = 81
End.
```

7.5 本章小结

这章我们学习了print语句、赋值语句的基本功能和使用方法，探讨了如何使用三种控制流语句：if、while和for以及与它们相关的break和continue语句。熟悉这些控制流是应当掌握的基本技能，它们是Python中最常用的部分。通过这些基本语句的组合，我们可以编制程序处理一些基本的逻辑需求，建立起一定的编程思想，为进一步的学习打下基础。

7.6 上机实验

上机实验1 简单的数据处理

【实验目的和要求】

(1) 掌握算术表达式和赋值表达式的使用。

(2) 掌握基本输出函数的使用。

(3) 能够编程实现简单的数据处理。

(4) 掌握简单的程序调试方法。

【实验内容】

(1) 已知某位学生的数学、英语和计算机课程的成绩分别是87分、72分和93分，求该生三门课程的平均分。

源程序：

```
#ee.py
m = 87
e = 72
c = 93
a = (m + e + c)/3
print "三门功课的平均分为: %d" % (a)
```

要求将源程序上机调试通过。

调试步骤：

① 打开Python 2.7.13 Shell界面，如图7-8所示。

Python 2.7.13 Shell

File Edit Shell Debug Options Window Help

```
Python 2.7.13 (v2.7.13:a06454b1afa1, Dec 17 2016, 20:42:59) [MSC v.1500 32 bit (Intel)] on win32
Type "copyright", "credits" or "license()" for more information.
>>>
```

Ln: 3 Col: 4

图 7-8 Python 2.7.13 Shell 界面

② 单击 File→New File 命令,如图 7-9 所示。

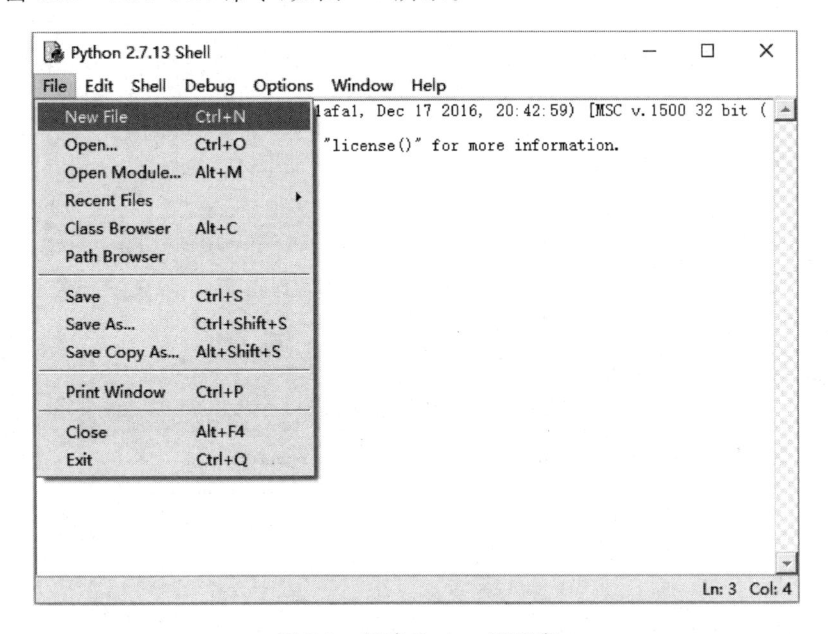

图 7-9 新建 Python 源程序

③ 在弹出的窗口中输入 Python 源程序,并保存为 ee.py 文件,如图 7-10 所示。

④ 单击 Run→Run Module 命令执行程序,运行结果如图 7-11 和图 7-12 所示。

(2) 当 n 为 152 时,分别求出 n 的个位数字(digit1)、十位数字(digit2)和百位数字(digit3)的值。

要求编写程序实现以上功能,并上机调试通过。将源程序、运行结果以及实验中遇到的问题和解决问题的方法写在实验报告上。

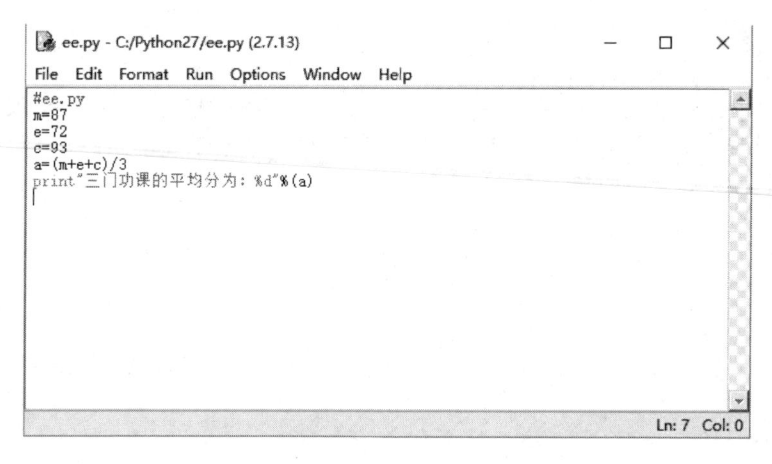

图 7-10 输入 Python 源程序并保存

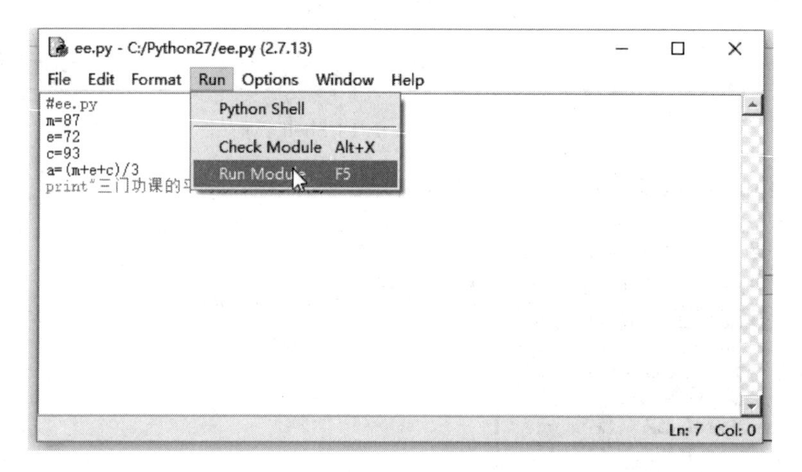

图 7-11 运行 Python 源程序

```
Python 2.7.13 Shell
File  Edit  Shell  Debug  Options  Window  Help
Python 2.7.13 (v2.7.13:a06454b1afa1, Dec 17 2016, 20:42:59) [MSC v.150
0 32 bit (Intel)] on win32
Type "copyright", "credits" or "license()" for more information.
>>>
======================== RESTART: C:/Python27/ee.py ================
========
三门功课的平均分为：84
>>> |
Ln: 6  Col: 4
```

图 7-12 程序运行结果

上机实验 2 if 语句的应用

【实验目的和要求】

(1) 熟练掌握 if 语句的使用方法。

(2) 正确书写关系表达式。

【实验内容】

(1) 试编程判断输入的正整数是否既是5又是7的整数倍,若是输出yes,否则输出no。

要求编写程序实现以上功能,并上机调试通过。将源程序、运行结果以及实验中遇到的问题和解决问题的方法写在实验报告上。

(2) 请编程序,根据以下函数关系(表7-3),对输入的每个x值,计算出相应的y值。

表7-3 函数关系

x	y
x≤0	0
0<x≤10	x
10<x≤20	10
20<x<40	−0.5x+20

要求编写程序实现以上功能,并上机调试通过。将源程序、运行结果以及实验中遇到的问题和解决问题的方法写在实验报告上。

上机实验3 指定次数的循环

【实验目的和要求】

(1) 熟练掌握while语句和for语句的使用方法。

(2) 熟练掌握指定次数的循环程序设计。

【实验内容】

(1) 有1、2、3、4个数字,能组成多少个互不相同且无重复数字的三位数?都是多少?

要求编写程序实现以上功能,并上机调试通过。将源程序、运行结果以及实验中遇到的问题和解决问题的方法写在实验报告上。

(2) 求1~100的数字之和,即1+2+3+4+…+100的值。

要求编写程序实现以上功能,并上机调试通过。将源程序、运行结果以及实验中遇到的问题和解决问题的方法写在实验报告上。

习题7

一、选择题

1. 以下程序的运行结果是(   )。

```
a = b = d = 241
a = d/100 % 9
b =  - 1 and 1
print " % d, % d" % (a,b)
```

A. 6,1　　B. 2,1　　C. 6,0　　D. 2,0

2. 下列哪个语句在Python中是非法的?(   )

A. x = y = z = 1　　B. x = (y = z + 1)

C. x, y = y, x　　D. x+=y

3. 有程序：

```
a = 5
b = 1
c = 0;
if a = = b + c:
  print " *** \n"
else:
  print " $ $ $ \n"
```

该程序(   )。

A. 有语法错误不能通过编译　　B. 可以通过编译，但不能通过连接

C. 输出：***　　D. 输出：$ $ $

4. 下面的循环体执行的次数与其他不同的是(   )。

A.
```
i = 0
while( i <= 100):
        print i,
        i = i + 1
```

B.
```
for i in range(100):
        print i,
```

C.
```
for i in range(100, 0, -1):
        print i,
```

D.
```
i = 100
    while(i > 0):
        print i,
        i = i - 1
```

5. 以下程序的运行结果是(   )。

```
m = 5
if m + 1 > 5:
    print " %d" % (m - 1)
else:
    print " %d" % (m + 1)
```

A. 4　　B. 5　　C. 6　　D. 7

6. 设有程序段：

```
  k = 10
while k == 0:
        k = k - 1
```

则下面描述中正确的是(   )。

A. while 循环执行 10 次　　B. 循环是无限循环

C. 循环体语句一次也不执行　　D. 循环体语句执行一次

7. 下面程序的功能是将从键盘输入的一对数由小到大排序输出。当输入一对相等数时结束循环，请选择填空。

```
a = int(input())
b = int(input())
```

```
while ( ):
    if a > b:
      t = a
      a = b
      b = t
    print " % d, % d\n" % (a,b)
    a = int(input())
    b = int(input())
    print "END"
```

A. ！a＝b　　　B. a！＝b　　　C. a＝＝b　　　D. a＝b

8. 以下程序段的执行结果如下所示：

```
1  1
1  2
2  2
```

请选择(　　)。

```
n = 3
for m in range(1,n):
  for n in range(__):
    print n,"",m
  print " "
```

A. 1,m　　　B. 1,m+1　　　C. 1,m−1　　　D. 1,n+1

9. 判断 char 型变量 ch 是否为大写字母的正确表达式为(　　)。

A. 'A'<=ch<='Z'　　　B. (ch>='A')&(ch<='Z')

C. (ch>='A')&&(ch<='Z')　　　D. ('A'<=ch) and ('Z'>=ch)

10. 以下不正确的 if 语句形式是(　　)。

A.
```
if x > y and x!= y :
       x = x + 1
```

B.
```
if x == y:
x += y
```

C.
```
if x!= y print x
```

D.
```
if x < y:
x = x + 1
y = y + 1
```

二、判断题

1. Python 里每一行语句后必须用分号来结束。　(　　)

2. Python 使用“＊”号来标识注释。　(　　)

3. 可以使用“,”号把一行过长的 Python 语句分解成几行。　(　　)

4. 变量名在引用前必须赋值。　(　　)

5. Python 中在代码块周围没有括号{}或开始/结束界定符号，它采用缩进形式将语句分组，缩进的空白数量是可变的，但是同一代码块语句必须包含相同的缩进空白数量。

(　　)

三、程序填空

下面程序的作用是显示输入的三个整数的最大值和最小值，请将程序补充完整。

```
a,b,c = input("Please input three whole numbers: ")
(____)
(____)
    if (b>max): max = b
    if (c>max): max = c
    if (b<min): min = b
    if (c<min): min = c
print "Max value: ", max, "Min value: ", min
```

第8章 文件操作

大多数程序都是按照这样的模型设计的：输入数据→处理数据→输出数据。虽然处理数据是程序的核心部分，但是能够合理地输入和输出数据是程序设计的基础。因此，本章将着重介绍 Python 的输入输出(I/O)操作。

8.1 显示和输入数据

8.1.1 输出数据

最基本的输出数据就是把数据显示到屏幕上。Python 提供了一个关键字 print 来实现这一功能，当然它和 print()函数是一回事。print 的基本用法如下所示：

```
>>> s = 'hello world!'
>>> print s
hello world!
>>> s
'hello world!'
```

在上例中，定义了一个字符串 s 后，先用关键字 print 输出字符串，接下来再用直接输入变量的方式输出字符串。不难发现，这两种方法的区别在于后者多了引号，这是为了表示输出的变量是一个字符串类型。

【注意】 产生上述不同的根本原因是，关键字 print 调用 str()函数显示数据，而直接输入变量这种方式调用的是 repr()函数。

由于 Python 2.7 采用的默认编码是 ASCII 码，所以字符串 string 不能很好地处理中文等非 ASCII 码。为此，在需要用到包含中文的字符串时，应该使用 Unicode 字符串。Unicode 字符串的定义方式是字符串前加 u。下列语句定义了一个变量名为 u 的 Unicode 字符串。

```
>>> u = u'一个 Unicode 字符串'
```

此外，关键字 print 还经常与格式化的字符串结合到一起使用，用来动态地输出数据。

【例 8-1】 演示如何使用关键字 print 输出格式化字符串。

```
#输出数据

courses = {u'大学计算机基础',u'Python 程序设计',u'多媒体技术与应用',u'Flash 动画制作'}
n = len(courses)
```

```
str = ''
for c in courses:
    str = str + c + ''
print u'我要学习 %d 门计算机课程: %s' % (n, str)
```


该段代码的运行结果如图 8-1 所示。

```
======================= RESTART: F:/python教材/8-1.py =======================
我要学习4门计算机课程: Flash动画制作 多媒体技术与应用 大学计算机基础 Python程序设计
```

图 8-1　代码 8-1 的运行结果

在上述代码中,len()函数的作用是计算集合 courses 所包含的元素个数。上述代码在执行时,先计算课程的个数和具体内容,再把它们保存到变量 n 和 str 中,最后通过关键字 print 输出格式化的字符串。这样就可以随着集合 courses 的变化,动态地输出数据了。

8.1.2　输入数据

Python 提供了两个基本的内建函数用来实现用户的数据输入: input()和 raw_input()。这两个函数都会读取标准输入(可简单理解为屏幕上的输入),并将读取的数据赋值给一个指定的变量。它们的区别在于前者会根据不同的输入内容指定不同的数据类型,而后者把所有的输入内容都当成是字符串。

input ()函数的原型如下所示:

```
input([prompt])
```

其中, prompt 是可选参数,表示一些提示性字符串; 返回一个输入内容所对应的变量。

【例 8-2】 演示使用 input()输入数据。

```
#使用 input()输入数据

name = input(u'请输入姓名: ')
print u'%s 同学,欢迎使用这个计算器' % name
num1 = input(u'请输入第一个数: ')
num2 = input(u'请输入第二个数: ')
print u'这两个数之和是: %d' % (num1 + num2)
```

该段代码的运行结果如图 8-2 所示。

```
======================= RESTART: F:/Python教材/8-2.py =======================
请输入姓名: 'Kate'
Kate同学, 欢迎使用这个计算器
请输入第一个数: 56
请输入第二个数: 433
这两个数之和是:489
>>>|
```

图 8-2　代码 8-2 的运行结果

上述代码在执行时,输入的姓名一定要用引号,表示这里输入的是一个字符串,否则系统就会产生 NameError 错误。对比代码运行结果不难发现,input()函数相当于让用户输入变量定义的后半部分,它可以接收任意形式的数据类型,但是必须遵循 Python 的语法规则。

raw_input ()函数的原型如下所示：

```
raw_input([prompt])
```

其中，prompt 是可选参数，表示一些提示性字符串；返回一个输入内容的字符串。

【例 8-3】 演示使用 raw_input ()输入数据。

```
#使用 raw_input()输入数据

name = raw_input(u'请输入姓名: ')
print u'%s同学,欢迎使用这个计算器' % name
num1_s = raw_input(u'请输入第一个数: ')
num2_s = raw_input(u'请输入第二个数: ')
num1 = eval(num1_s)
num2 = eval(num2_s)
print u'这两个数之和是:%d' % (num1 + num2)
```

该段代码的运行结果如图 8-3 所示。

```
====================== RESTART: F:/Python教材/8-3.py ======================
请输入姓名: Kate
Kate同学，欢迎使用这个计算器
请输入第一个数:  56
请输入第二个数:  234
这两个数之和是:290
>>> |
```

图 8-3　代码 8-3 的运行结果

在上述代码中，eval()函数的作用是把通过 raw_input()输入的字符串转换成数字，因为 raw_input()函数把所有输入都看成是字符串，所以变量 num1_s 和 num2_s 是不能直接相加的。

8.2　文件操作

8.1 节介绍的输入输出(I/O)操作只适用于数据量较小并且不需要长久保存的简单情况。如果需要处理的数据情况较复杂，就需要使用文件。这里的文件可以简单理解为普通的磁盘文件，但实际上 Python 把它定义为一个抽象的概念，某些软硬件设备也属于文件。因此，在 Python 中用一个文件对象 file 来表示文件。

8.2.1　打开文件

在 Python 中，使用内建函数 open()打开一个文件并获得一个文件对象 file。open()函数的原型如下所示：

```
open(name[, mode[, buffering]])
```

其中，参数 name 代表要打开文件的路径，可以是相对路径或绝对路径。可选参数 mode 代表文件的打开模式，如“r”表示读取，“w”表示写入，“a”表示追加等，默认是“r”。可选参数 buffering 表示缓冲方式，0 表示不缓存、1 表示缓存一行数据，其他大于 1 的值表示缓存区的大小。

open()函数的基本用法如下所示。

```
>>> f = open('f:/text.txt')
>>> f = open('f:/text.txt','w')
>>> f = open('f:/text.txt','r+')
```

【注意】 在 Windows 系统下，输入文件名时要加扩展名。

上例第一个语句采用默认模式(即“r”)打开一个文件，此时文件是只读的，也就是说不能进行读以外的操作，如写入等。而第二个语句，以写入模式打开一个文件，自然只能进行写入操作。文件打开模式所对应的操作如表 8-1 所示。

表 8-1 文件访问模式

文件模式	操　作
r	以读方式打开(默认)
U	通用换行符支持
w	以写方式打开，可能清空文件，可能创建文件
a	以追加模式打开，可能创建文件
r+	以读写模式打开
w+	以读写模式打开，其他同 w
a+	以读写模式打开，其他同 a
b	以二进制模式打开
t	以文本模式打开

8.2.2 关闭文件

在 Python 中，使用 file 对象的 close()方法关闭一个已打开的文件。close ()方法的原型如下所示：

```
file.close()
```

该方法没有参数也有返回值。

实际上，根据 Python 的内存回收机制，即使没有调用 close()方法，系统也会在文件对象引用计数为零后，自动关闭文件。但这并不是说，不需要调用 close()方法关闭文件。正好相反，应该养成主动关闭文件的习惯，尤其是在进行了写操作以后。

close ()函数的基本用法如下所示：

```
>>> f = open('f:/text.txt')
>>> f.close()
```

8.2.3 读取文件内容

file 对象中，有如下三种方法用于读取文件内容。

(1) read()方法。直接读取给定数目的字节到字符串中。其原型如下所示：

```
file.read([size])
```

其中，可选参数 size 代表最多读取的字节数，如果该值为负数表示一直读到文件结尾，默认值为−1；该方法返回一个包含读取内容的字符串。

（2）readline()：从文件中读一整行到字符串中(包括换行符)。其原型如下所示：

```
file.readline([size])
```

其中,可选参数 size 代表最多读取的字节数,如果该值被设置为大于 0 的数,则最多读取 size 个字节,即使一行包含多于 size 个字节,如果该值被设置为负数表示一直读到行结尾,默认值为－1；该方法返回一个包含读取内容的字符串。

（3）readline()。读取所有行到一个字符串列表中,它内部使用 readline()一行一行地读。其原型如下所示：

```
file.readlines([sizehint])
```

其中,可选参数 sizehint 代表大约读取的字节数,如果它被设置为大于 0 的数,则返回的字符串列表大约是 sizehint 字节(可能会多于这个值)。该方法返回一个包含读取内容的字符串列表。

8.2.4 向文件中写入数据

file 对象中,有如下两个方法用于向文件中写入数据：

（1）write()方法：写一个字符串到文件中。由于缓冲区的存在,执行完 write()方法以后,所写内容不一定会立即显示在文件中,直到调用了 flush()或 close()方法,才能保证所写内容显示在文件中。其原型如下所示：

```
file.write(str)
```

其中,参数 str 代表要写入的字符串,该方法没有返回值。

（2）writelines ()方法：可简单理解为,将一个字符串列表中的内容写入到文件中。其原型如下所示：

```
file.writelines(sequence)
```

其中,参数 sequence 代表要写入的字符串列表,该方法没有返回值。

【注意】 实际上,参数 sequence 代表的是一个字符串序列。所谓字符串序列,指的是所有可以通过迭代器产生多个字符串的对象,当然最典型的就是字符串列表了。

【例 8-4】 演示文件的读写操作。

```
#文件的读写操作

def copy(src,dst):
    f_r = open(src)
    f_w = open(dst,'a')
    line = f_r.readline()
    while line:
        f_w.write(line)
        line = f_r.readline()
    f_w.flush()
    f_w.close()
    f_r.close()
copy('f:/11.txt','f:/12.txt')
```

上述代码自定义了一个 copy()函数，用来实现文件的简单复制。copy()函数的实现思路是：读取一个文件，再把读取的内容写到另一个文件中。上述代码运行以后，会把 f 盘的 11.txt 文件复制到 12.txt 文件中。

8.2.5 文件属性

除了上述的基本文件读写操作以外，要想完成如获取文件属性、删除文件等和操作系统密切相关的操作，就需要使用 os 模块。os 模块是 Python 的多操作系统接口模块，对操作系统的访问大都通过这个模块完成，尤其是对文件系统的操作。

在 Python 中，使用 os 模块中的 stat()函数获得文件的属性。其原型如下所示：

```
os.stat(path)
```

其中，参数 path 表示文件的路径；返回值是一个 stat 对象，该对象中的一些属性对应文件的属性。常用属性如下所示：

- st_mode：文件的权限模式。
- st_size：文件大小。
- st_atime：最后访问时间。
- st_mtime：最后修改时间。
- st_ctime：平台依赖，在 Windows 系统下是文件的创建时间。

【例 8-5】 演示文件属性的操作。

```
#获取文件属性

import os
s = os.stat(u'f:/11.txt')
print u'我的我'
print u'该文件的大小是：%d字节' % s.st_size
print u'该文件的最后访问时间是：%s' % s.st_atime
print u'该文件的最后修改时间是：%s' % s.st_mtime
print u'该文件的创建时间是：%s' % s.st_ctime
```

该段代码的运行结果如图 8-4 所示。

```
====================== RESTART: F:/Python教材/8-5.py ======================
我的我
该文件的大小是： 75字节
该文件的最后访问时间是： 1484558846.76
该文件的最后修改时间是： 1484800700.6
该文件的创建时间是： 1484558846.76
>>>
```

图 8-4 代码 8-5 的运行结果

在上述代码中，日期用一些数字表示，这就是所谓的时间戳，可以使用 datetime 模块中的一些函数把它转为相应的日期。

8.2.6 删除文件

在 Python 中，使用 os 模块中的 remove()函数，删除一个文件。其原型如下所示：

```
os.remove(path)
```

其中，参数 path 表示文件的路径，如果该路径对应的是一个目录，那么将有一个 OSError 错误产生；该函数没有返回值。

此外，os 模块中还有一个 unlink()函数，它的功能和 remove()函数完全一样，只是采用了 UNIX 惯用的命名方式。

remove ()函数的基本用法如下所示：

```
>>> import os
>>> os.remove('f:/11.txt')
```

8.2.7 重命名文件

在 Python 中，使用 os 模块中的 rename()函数，重命名一个文件或目录。其原型如下所示：

```
os.rename(src, dst)
```

其中，参数 src 表示要修改的文件或目录名；参数 dst 表示修改后的文件或目录名，dst 如果已存在，将抛出一个 OSError 错误；该函数没有返回值。

rename ()函数的基本用法如下所示：

```
>>> import os
>>> os.rename('f:/11.txt', 'f:/12.txt')  #重命名文件
>>> os.rename('f:/11', 'f:/12')          #重命名目录
>>> os.rename('f:/ 12.txt', 'e:/12.txt') #把文件 12.txt 从 f 盘移动到 e 盘
>>> os.rename('e:/ 12.txt', 'f:/11.txt') #把文件 12.txt 从 e 盘移动到 f 盘,并重命名为 11.txt
```

在 Windows 系统下，重命名要遵循系统的限制，如一个打开的文件不能重命名，新名字不能是已存在的等。此外，如果重命名的是一个文件，那么如果改变它的路径，也可以起到移动文件的作用。但是目录不可以，如果执行下面的语句，系统将产生一个 WindowsError 错误。

```
>>> os.rename('f:/11','e:/11')    #这是一个错误的操作
```

8.2.8 复制文件

想要执行一些诸如移动或复制之类的高级文件操作，需要使用 shutil 模块下的函数。shutil 模块提供了一些在文件或文件集上的高级操作，尤其是文件的复制和移动。

在 Python 中，使用 shutil 模块中的 copy ()函数，复制一个文件。其原型如下所示：

```
shutil.copy(src, dst)
```

其中，参数 src 表示要复制的文件，它只能是文件的路径；参数 dst 表示复制后的文件，它可以是文件或目录。

copy ()函数的基本用法如下所示：

```
>>> import shutil
>>> shutil.copy('f:/11.txt', 'f:/12.txt') #将 11.txt 复制为 12.txt
>>> shutil.copy('f:/11.txt', 'f:/11')     #将 11.txt 复制到 11 文件夹下
```

8.2.9 移动文件

在 Python 中，使用 shutil 模块中的 move ()函数移动一个文件或目录。其原型如下所示：

```
shutil.move(src, dst)
```

其中，参数 src 表示要移动的文件，它可以是文件或目录；参数 dst 表示移动后的位置。

move ()函数的基本用法如下所示：

```
>>> import shutil
>>> shutil.move('f:/12.txt','f:/11')          #将 12.txt 移动到 11 文件夹中
>>> shutil.move('f:/11.txt','f:/11/13.txt')#将 11.txt 移动到 11 文件夹中,并重命名为 13.txt
>>> shutil.move('f:/11','e:/11')              #将文件夹 11,从 f 盘移动到 e 盘
```

实际上，shutil 模块中的 move ()函数与 os 模块中的 rename()函数都可以移动文件，但是要想移动目录就只能使用 shutil 模块中的 move ()函数。

8.3 目录编程

目录可简单地理解为文件夹。由于目录下包含了一些子目录和文件，所以针对目录的操作往往要比单纯一个文件的操作复杂。

8.3.1 获取当前目录

在 Python 中，使用 os 模块中的 getcwd()函数，获得当前目录，即脚本所在目录。其原型如下所示：

```
os.getcwd()
```

该函数没有参数，返回一个表示当前工作目录的字符串。

getcwd ()函数的基本用法如下所示：

```
>>> import os
>>> os.getcwd()
```

8.3.2 获取目录内容

在 Python 中，使用 os 模块中的 listdir ()函数获得目录中的文件名。其原型如下所示：

```
os.listdir(path)
```

其中，参数 path 表示目录所在路径；该函数返回一个包含子目录和文件名称的列表，这个列表是无序的，而且不包括“.”和“..”。

listdir()函数的基本用法如下所示：

```
>>> import os
>>> os. listdir ('f:/12')
```

使用 listdir ()函数获取的文件名中，如果包含子目录，它只会显示子目录的名称，而不

会显示子目录里面的文件名。如果需要获得子目录中的文件名，可使用 os 模块中的 walk () 函数。其原型如下所示：

```
os.walk(top[, topdown[, onerror[, followlinks = False]]])
```

其中，参数 top 表示根目录路径；可选参数 topdown 表示遍历目录时的顺序，如果为 true 表示先访问当前目录再访问子目录，如果为 false 表示先访问子目录再访问当前目录，默认为 true；可选参数 onerror 表示遍历目录出错时产生的错误，默认为 None。可选参数 followlinks 表示是否通过软链接访问目录，默认为 false；该函数返回一个[文件夹路径，文件夹名字，文件名]的三元组序列。

【例 8-6】 演示如何获取当前目录和目录内容。

```
# 获取当前目录和目录内容

import os

#获得当前目录
main_path = os.getcwd()

#获得当前目录文件名(不包括子目录中的文件)
print u'当前目录文件名：'
paths = os.listdir(main_path)
for path in paths:
    print path

#获得当前目录文件名(包括子目录中的文件)
print u'当前目录和子目录文件名：'
for path_t3 in os.walk(main_path):
    for path in path_t3[2]:
        print '%s\%s' % (path_t3[0],path)
```

该段代码的运行结果如图 8-5 所示。

```
========================== RESTART: F:/11/8-6.py ==========================
当前目录文件名：
1.txt
12
2.txt
3.txt
8-6.py
当前目录和子目录文件名：
F:\11\1.txt
F:\11\2.txt
F:\11\3.txt
F:\11\8-6.py
F:\11\12\1.txt
F:\11\12\2.txt
F:\11\12\3.txt
>>>
```

图 8-5 代码 8-6 运行结果

上述代码对 walk()函数产生的三元组序列进行了简单的处理，使其可以输出每一个文件的路径。而该例中，完整的三元组序列是：

```
('F:\\11', ['12'], ['1.txt', '2.txt', '3.txt', '8-6.py'])
('F:\\11\\12', [], ['1.txt', '2.txt', '3.txt'])
```

8.3.3 创建目录

在 Python 中,使用 os 模块中的 mkdir ()函数创建一个目录。其原型如下所示:

```
os.mkdir(path[, mode])
```

其中,参数 path 表示目录所在路径;参数 mode 是一个可选参数,表示一个数字模,默认值为 0777。该函数没有返回值。

mkdir ()函数的基本用法如下所示:

```
>>> import os
>>> os.mkdir('f:/13')
```

8.3.4 删除目录

在 Python 中,使用 os 模块中的 rmdir ()函数删除一个空目录。其原型如下所示:

```
os.rmdir(path)
```

其中,参数 path 表示目录所在路径,该函数没有返回值。

rmdir ()函数的基本用法如下所示:

```
>>> import os
>>> os. rmdir ('f:/13')
```

os 模块中的 rmdir ()函数只能删除一个空目录,如果删除的目录不为空,就会产生一个 OSError 错误。此时,可以使用 shutil 模块中的 rmtree ()函数,删除不为空的目录。其原型如下所示:

```
shutil.rmtree(path[, ignore_errors[,onerror]])
```

其中,参数 path 表示目录所在路径;参数 ignore_errors 是一个可选参数,如果它为 true 当删除目录失败时忽略错误信息,如果它为 false,当删除目录失败时将产生参数 onerror 所对应错误,默认为 false;参数 onerror 是一个可选参数,表示错误信息,默认为 None。

rmtree ()函数的基本用法如下所示:

```
>>> import shutil
>>> shutil. rmtree ('f:/13')
```

8.4 本章小结

本章介绍了 Python 的输入输出(I/O)操作,包括了标准的输入输出、文件操作和目录操作。

标准输出通过关键字 print 实现。除了直接输出一个字符串外,print 还经常与格式化的字符串结合在一起使用,用来动态地输出数据。标准输入使用内建函数 input(),input()可以让用户输入变量定义的后半部分,但这要求用户具备一定的 Python 基础,显然这并不合理。因此,input()函数往往用来测试程序,而真正实现用户输入的是 raw_input()函数,可以认为 input()等同于 eval(raw_input())。

简单的文件操作大都通过内建的 file 对象来完成。除了打开文件使用内建函数 open()外，其他的关闭、读取和写入文件都由 file 对象的方法来完成。file 对象的常用方法如表 8-2 所示。file 对象的常用属性如表 8-3 所示。

表 8-2　file 对象方法表

方 法 名	功　能
file read()	读取文件中的全部内容到字符串中
file readline()	从文件中读一整行到字符串中(包括换行符)
file readlines()	读取文件中的所有行到一个字符串列表中
file write()	写一个字符串到文件中
file writelines ()	写一个字符串列表到文件中
file tell()	获得指针所在的位置
file seek()	移动指针到文件的不同位置
file. close()	关闭文件
file. flush()	刷新文件缓冲区，立刻把缓冲区的数据写入文件
file. fileno()	返回一个整型的文件描述符
file. isatty()	文件是否连接到一个终端设备，是返回 true，否返回 false
file. truncate([size])	截取 size 字节的文件

表 8-3　file 对象属性表

名　称	功　能
file. encoding	文件所使用的编码
file. closed	文件是否关闭
file. mode	文件的打开模式
file. name	文件名称
file. newlines	文件的行结束符
file. softspace	输出数据后是否带有空格

文件管理是操作系统的主要任务之一，对文件的某些操作需要操作系统的支持。而在 Python 中，os 模块是多操作系统的接口模块。因此，可使用 os 模块中的函数完成诸如删除文件、重命名文件等操作。os 模块中和文件操作相关的常用函数如表 8-4 所示。

表 8-4　os 模块常用函数表

函 数 名	功　能
os. stat()	获得文件属性
os. remove()	删除文件
os. rename()	重命名文件
os. getcwd()	获取当前目录
os. listdir()	获得目录中的文件名，不包括子目录中的文件
os. walk()	获得目录中的文件名，包括子目录中的文件
os. access(path，mode)	检验文件权限

续表

函　数　名	功　　能
os. chmod(path, mode)	更改文件权限
os. open(file, flags[, mode])	打开一个文件,返回文件的描述符(不是 file 对象)
os. close(fd)	关闭文件描述符
os. fpathconf(fd, name)	获得文件的系统信息
os. fstat(fd)	返回文件描述符 fd 所对应文件、状态
os. mkdir(path[, mode])	创建一个目录
os. rmdir(path)	删除一个空目录

对于一些较复杂的文件操作,如复制和删除目录中的所有文件,需要使用 shutil 模块。shutil 模块提供了一些完成高级文件操作的函数,对这些复杂的功能直接调用相应函数就可以了,这正是 Python 的魅力所在。shutil 模块中的常用函数如表 8-5 所示。

表 8-5　shutil 模块常用函数表

函　数　名	功　　能
shutil. copy ()	复制文件
shutil. move()	移动文件或目录
shutil. rmtree()	删除非空目录
shutil. copymode()	只复制文件的权限
shutil. copystat()	只复制文件的属性
copytree()	复制目录和目录中的内容

8.5　上机实验

上机实验 1　猜数字(标准输入输出)

【实验目的】 了解标准的输入输出。掌握关键字 print 和函数 input()与 raw_input()的使用。

【实验内容及步骤】

设计一个猜数字的程序。选择一个整数作为谜底,用户在屏幕上输入所猜的数字,如果所猜数字小于谜底显示“该数字小于谜底!”后继续猜测,如果所猜数字大于谜底显示“该数字大于谜底!”后继续猜测,如果所猜数字等于谜底显示“恭喜,你猜对了!”并退出程序。

```
# 猜数字

secret = 12
raw_input(u'猜数字游戏马上开始,单击任意键继续……')
while True:
    num = input(u'请输入一个整数')
    if num == secret:
        print u'恭喜,你猜对了!'
        break;
    elif num > secret:
```

```
        print u'该数字大于谜底!'

    else:
        print u'该数字小于谜底!'
```

上机实验 2 file 对象操作

【实验目的】 掌握 file 对象的使用。

【实验内容及步骤】

(1) 打开只读文件。执行如下代码,使用 open()函数打开一个只读文件,并观察输出结果。

```
>>> f = open('f:/text.txt')
>>> f.read()
>>> f.readline()
>>> f.readlines()
>>> f.write('hello!')
```

(2) 打开只写文件。执行如下代码,使用 open()函数打开一个只写文件,并观察输出结果。

```
>>> f = open('f:/text.txt', 'w')
>>> f.read()
>>> f.readline()
>>> f.readlines()
>>> f.write('hello!')
```

(3) 打开追加文件。执行如下代码,使用 open()函数打开一个追加文件,并观察输出结果。

```
>>> f = open('f:/text.txt', 'a')
>>> f.read()
>>> f.readline()
>>> f.readlines()
>>> f.write('hello!')
```

(4) 刷新缓冲区操作。执行完第(3)步操作后,在文件系统下通过双击的形式打开文件,观察字符串"hello!"是否已经写入到文件。执行如下代码后,再观察字符串"hello!"是否已经写入到文件。

```
>>> f.flush()
```

上机实验 3 遍历文件夹

【实验目的】 熟悉 os 模块,掌握函数 walk()与 stat()的使用。

【实验内容及步骤】

设计一个程序,可以获得目录下的所有文件和子目录中的文件,并显示这些文件的创建时间等属性。

```
#遍历文件,并显示属性
```

```
import time
import os

path = raw_input(u'请输入路径: ')
for ps in os.walk(path):
    for p in ps[2]:
        f_p = ps[0] + '/' + p
        state = os.stat(f_p)
        time_s = time.strftime('%Y-%m-%d %H:%M:%S',time.localtime(state.st_
ctime))
        print ps[0] + p + ':' + time_s
```

上机实验4　文件/目录操作

【实验目的】 熟悉设计命令行界面，掌握文件/目录的基本操作。

【实验内容及步骤】

设计一个文件/目录操作的系统，具有命令行界面。可在以下代码的基础上，添加新的操作命令。

```
#文件系统基本操作
import os
import os.path
import shutil

while True:
    s = raw_input(u'请输入路径:')
    if os.path.exists(s):
        break
    order = int(raw_input(u'请输入需要的操作号:\n1: 复制\n2: 删除\n3: 移动\n4: 退出\n'))
    if order == 1:
        d = raw_input(u'请输入目标路径:')
        if os.path.isfile(s):
            shutil.copy(s,d)
        elif os.path.isdir(s):
            shutil.copytree(s,d)
    elif order == 2:
        if os.path.isfile(s):
            os.remove(s)
        elif os.path.isdir(s):
            shutil.rmtree(s)
    elif order == 3:
        d = raw_input(u'请输入目标路径:')
        shutil.move(s,d)
    elif order == 4:
        break
    else:
        print u'无效命令'
```

习题 8

一、单项选择题

1. 下列不属于输入输出(I/O)操作的是(　　)。

   A. print'hello world!'

   B. input('请输入姓名:')

   C. open('f:/11.txt').read()

   D. emptyset = set({})

2. 下列不能输出“hello world!”的语句是(　　)。

   A. s = 'hello world!'　print s

   B. print hello world!

   C. print 'hello world!'

   D. print('hello world!')

3. 执行如下代码,得到的结果是(　　)。

```
courses = {'大学计算机基础','Python 程序设计','多媒体技术与应用','Flash 动画制作'}
n = len(courses)
print '我要学习 %d 门计算机课程' % n
```

   A. '我要学习%d 门计算机课程'%n

   B. 我要学习 4 门计算机课程

   C. '我要学习 4 门计算机课程'

   D. 我要学习门计算机课程

4. 执行如下代码后,用户在屏幕上输入(　　),不会产生错误。

```
name = input('请输入姓名: ')
print '%s 同学你好' % name
```

   A. '小明'　　　　B. 小明

   C. xiaoming　　　　D. 以上内容都可以

5. 执行如下代码后,用户在屏幕上输入(　　),不会产生错误。

```
name = raw_input('请输入姓名: ')
print '%s 同学你好' % name
```

   A. '小明'　　　　B. 小明

   C. xiaoming　　　　D. 以上内容都可以

6. 希望用户在屏幕上输入一个元组变量,应该使用的函数是(　　)。

   A. input()　　　　B. raw_input()

   C. read()　　　　D. print()

7. 下列代码在下画线处应该使用的函数是(　　)。

```
num1 = ____('请输入第一个数: ')
num2 = ____('请输入第二个数: ')
print '这两个数之和是: %d' % (num1 + num2)
```

A. input()　　B. raw_input()
C. read()　　D. print()

8. 下列代码在下画线处应该使用的函数是(　　)。

```
num1_s = ___('请输入第一个数: ')
num2_s = ___('请输入第二个数: ')
num1 = eval(num1_s)
num2 = eval(num2_s)
print '这两个数之和是: %d' % (num1 + num2)
```

A. input()　　B. raw_input()
C. read()　　D. print()

9. 执行语句 f = open('f:/text.txt')后,不可以执行的语句是(　　)。
A. f.write('111')　　B. f.close()
C. f.read()　　D. f.flush()

10. 执行语句 f = open('f:/text.txt','w')后,不可以执行的语句是(　　)。
A. f.write('111')　　B. f.close()
C. f.read()　　D. f.flush()

11. 读取一整行数据到字符串中,应该使用的函数是(　　)。
A. f.write('111')　　B. f.close()
C. f.read()　　D. f.flush()

12. 下列语句中,可以获得文件大小的是(　　)。
A. os.stat('f:/text.txt').st_size
B. os.stat('f:/text.txt').st_atime
C. os.stat('f:/text.txt').st_mtime
D. os.stat('f:/text.txt').st_ctime

13. 下列语句在执行时(已经导入 os 模块),会产生错误的是(　　)。
A. os.rename('f:/11.txt', 'f:/12.txt')
B. os.rename('f:/11', 'f:/12')
C. os.rename('f:/11','e:/11')
D. os.rename('e:/ 12.txt', 'f:/11.txt')

14. 在 Python 中,如果想要执行一些诸如移动目录、复制文件等高级操作,需要用到的模块是(　　)。
A. os 模块　　B. shutil 模块
C. collections 模块　　D. 不需要使用额外的模块

15. 只需要获得目录中的文件名,不需要获得其子目录中的文件名,比较适合的函数是(　　)。
A. os 模块中的 listdir()函数
B. os 模块中的 walk()函数
C. os 模块中的 getcwd()函数
D. os 模块中的 mkdir()函数

16. 需要获得目录中的文件名，又需要获得其子目录中的文件名，比较适合的函数是(　　)。

A. os 模块中的 listdir()函数

B. os 模块中的 walk()函数

C. os 模块中的 getcwd()函数

D. os 模块中的 mkdir()函数

17. 使用 os 模块中的 walk()函数，获得目录内容时，会返回一个三元组序列。这个三元组代表的含义是(　　)。

A. [文件名，文件夹名字，文件夹路径]

B. [文件夹名字，文件名，文件夹路径]

C. [文件夹路径，文件夹名字，文件名]

D. [文件夹路径，文件名，文件夹名字]

18. 要想删除一个非空目录，需要使用的函数是(　　)。

A. os 模块中的 rmdir()函数

B. shutil 模块中的 rmtree()函数

C. os 模块中的 remove()函数

D. os 模块中的 rmtree()函数

19. 使用 write()方法向文件中写入字符串以后，再调用(　　)方法才能保证所写内容显示在文件中。

A. readline()方法

B. flush()方法

C. writelines()方法

D. read()方法

20. 以下操作会产生系统错误的是(　　)。

A. 使用 os 模块中的 remove()函数，删除一个文件

B. 使用 os 模块中的 rename()函数，移动一个文件

C. 使用 os 模块中的 rmdir()函数，删除一个非空目录

D. 使用 shutil 模块中的 rmtree()函数，删除一个目录

二、多项选择题

1. 删除文件时，下列哪些情况会删除失败？(　　)

A. 文件处于打开状态

B. 使用 unlink()函数，而不是 remove()函数

C. 没有导入 os 模块，直接使用 remove()函数

D. 使用 remove()函数，删除一个目录

2. 重命名文件时，下列哪些情况会重命名失败？(　　)。

A. 文件处于打开状态

B. 新的文件名已经存在

C. 把文件重命名到另一个存储位置

D. 把目录重命名到另一个存储位置

3. 以下可以删除一个空目录的函数是(　　)。
   A. os 模块中的 rmdir()函数
   B. shutil 模块中的 rmtree()函数
   C. os 模块中的 remove()函数
   D. os 模块中的 rmtree()函数

4. 以下操作会产生系统错误的是(　　)。
   A. 使用 os 模块中的 remove()函数,删除一个目录
   B. 使用 os 模块中的 rename()函数,移动一个目录
   C. 使用 os 模块中的 rmdir()函数,删除一个非空目录
   D. 使用 os 模块中的 rename()函数,重命名一个已打开的文件

5. 执行下列(　　)语句后,可以向文件“text.txt”中写入字符串。
   A. f = open('f:/text.txt')
   B. f = open('f:/text.txt','w')
   C. f = open('f:/text.txt','r')
   D. f = open('f:/text.txt','a')

三、判断题

1. 关键字 print 和内建函数 print()具有同样的功能。(　　)
2. 内建函数 input()和 raw_input()具有同样的功能。(　　)
3. 在 Python 中,文件仅是指磁盘文件。(　　)
4. 在 Python 中,打开一个文件以后,必须使用 close()函数关闭这个文件,否则会造成内存泄漏。(　　)
5. shutil 模块中的 move ()函数可以移动文件和目录。(　　)
6. os 模块中的 rename()函数可以移动文件。(　　)
7. 使用 write()方法向文件中写入字符串以后,所写内容一定会立刻出现在文件中。(　　)
8. 使用 os 模块中的 listdir ()函数可以获得目录中的所有内容,包括子目录中的内容。(　　)
9. 使用 os 模块中的 walk ()函数可以获得目录中的所有内容,包括子目录中的内容。(　　)
10. 使用 os 模块中的 rmdir ()函数可以删除任何目录。(　　)

第9章 异常处理

异常(exception)是程序在运行过程中出现的错误,使得程序没有按照预定的控制流程运行。如在一个计算器程序中,用户输入了文字;又如在一个收银程序中,商品价格为负数。在设计程序时,如果没有书写对这些异常进行处理的代码,很可能会导致系统崩溃,更甚者会留下漏洞,从而给系统留下安全隐患。因此,异常处理是程序的一个重要组成部分,一个完整优秀的程序必须包括细致的异常处理。而异常处理由捕获异常和处理异常两步组成,前者是发现和获得异常,而后者决定了对异常采用何种处理方式,如直接退出程序、重新输入有效数字等。

9.1 异　　常

在 Python 中,通常所遇到的异常就是系统产生的错误了。如下是几个常见的错误:

(1) NameError:访问了未定义的变量或函数等。

```
>>> os.stat('f:/2.txt')
Traceback (most recent call last):
  File "<pyshell#1>", line 1, in <module>
    os.stat('f:/2.txt')
NameError: name 'os' is not defined
```

上述代码,没有导入 os 模型就使用 stat()函数,所以产生了 NameError 错误。

(2) ZeroDivisionError:除零错误。

```
>>> 1/0
Traceback (most recent call last):
  File "<pyshell#2>", line 1, in <module>
    1/0
ZeroDivisionError: integer division or modulo by zero
```

(3) IndexError:索引超范围错误。

```
>>> list = [1,2,3]
>>> list[3]
Traceback (most recent call last):
  File "<pyshell#4>", line 1, in <module>
    list[3]
IndexError: list index out of range
```

(4) IOError：输入输出错误。

```
>>> f = open('f:/123')
Traceback (most recent call last):
  File "<pyshell#8>", line 1, in <module>
    f = open('f:/123')
IOError: [Errno 2] No such file or directory: 'f:/123'
```

上述代码，产生 IOError 错误是因为在 f 盘找不到名称为 123 的文件。

表 9-1 列出了一些 Python 中的标准异常。

表 9-1　标准异常表

异常名称	描　　述
BaseException	所有异常的基类
SystemExit	解释器请求退出
KeyboardInterrupt	用户中断执行(通常是输入 Ctrl+C)
Exception	常规错误的基类
StopIteration	迭代器没有更多的值
GeneratorExit	生成器(generator)发生异常来通知退出
StandardError	所有的内建标准异常的基类
ArithmeticError	所有数值计算错误的基类
FloatingPointError	浮点计算错误
OverflowError	数值运算超出最大限制
ZeroDivisionError	除(或取模)零(所有数据类型)
AssertionError	断言语句失败
AttributeError	对象没有这个属性
EOFError	没有内建输入，到达 EOF 标记
EnvironmentError	操作系统错误的基类
IOError	输入输出操作失败
OSError	操作系统错误
WindowsError	系统调用失败
ImportError	导入模块/对象失败
LookupError	无效数据查询的基类
IndexError	序列中没有此索引(index)
KeyError	映射中没有这个键
MemoryError	内存溢出错误(对于 Python 解释器不是致命的)
NameError	未声明/初始化对象(没有属性)
UnboundLocalError	访问未初始化的本地变量
ReferenceError	弱引用(weak reference)试图访问已经垃圾回收了的对象
RuntimeError	一般的运行时错误
NotImplementedError	尚未实现的方法
SyntaxError	Python 语法错误
IndentationError	缩进错误
TabError	Tab 和空格混用
SystemError	一般的解释器系统错误
TypeError	对类型无效的操作

异常名称	描　述
ValueError	传入无效的参数
UnicodeError	Unicode 相关错误
UnicodeDecodeError	Unicode 解码时的错误
UnicodeEncodeError	Unicode 编码时错误
UnicodeTranslateError	Unicode 转换时错误
Warning	警告的基类
DeprecationWarning	关于被弃用的特征的警告
FutureWarning	关于构造将来语义会有改变的警告
OverflowWarning	旧的关于自动提升为长整型(long)的警告
PendingDeprecationWarning	关于特性将会被废弃的警告
RuntimeWarning	可疑的运行时行为(runtime behavior)的警告
SyntaxWarning	可疑的语法的警告
UserWarning	用户代码生成的警告

9.2 捕获异常

出于效率的考虑,不是所有的代码都需要检测异常的。在 Python 中用一个 try 语句来检查异常,也就是说只有在 try 语句块里的代码才会被检测异常。

9.2.1 try…except 语句

try…except 语句的基本语法如下:

```
try:
    要检测的代码块
except exception [, reason]:
    处理异常的代码块
```

其中,try 语句块中是要检测异常的代码;except 语句块中是处理异常的代码块;exception 表示异常类型,如 NameError、IOError 等;reason 中包含了异常的详细信息。

【例 9-1】 演示了如何使用 try…except 语句处理异常。

```
#使用 try…except 语句处理异常

print '%欢迎使用除法计算器'
num1_s = raw_input('请输入第一个数: ')
num2_s = raw_input('请输入第二个数: ')
num1 = eval(num1_s)
num2 = eval(num2_s)
try:
    r = float(num1)/num2
except ZeroDivisionError:
    r = 0
print '这两个数之商是:%f' %r
```

当输入的除数为 0 时，该段代码的运行结果如图 9-1 所示。

```
======================= RESTART: F:/Python教材/9-1.py =======================
%欢迎使用除法计算器
请输入一个被除数: 22
请输入一个除数: 0
这两个数之商是:0.000000
>>>
```

图 9-1　代码 9-1 的运行结果

上述代码在执行时，如果没有使用 try…except 语句处理 ZeroDivisionError 除零异常，当除数为零时，系统会崩溃。但使用了 try…except 语句以后，可以强制输出一个为零的结果。

9.2.2　捕获多种异常

因为一个语句块中可能产生多个不同的异常，所以 try 语句后面可以接多个 except 语句。

【例 9-2】　捕获多种异常。

```
#捕获多种异常

import os
print '%欢迎使用除法计算器'
num1_s = raw_input('请输入一个被除数：')
num2_s = raw_input('请输入一个除数：')
try:
    num1 = eval(num1_s)
    num2 = eval(num2_s)
    r = float(num1)/num2
except ZeroDivisionError:
    r = 0
except NameError:
    print '请输入数字:'
    os._exit(0)
print '这两个数之商是:%f' %r
```

当输入一个非数字字符串时，该段代码的运行结果如图 9-2 所示。

```
======================= RESTART: F:/Python教材/9-2.py =======================
%欢迎使用除法计算器
请输入一个被除数: ee
请输入一个除数: ee
请输入数字:
```

图 9-2　代码 9-2 的运行结果

上述代码，try 语句后面接了两个 except 语句。这样不仅可以处理除零异常，还可以处理输入非数字的异常。如果多个异常的处理方式是相同的，也可以以如下方式书写 except 语句。

```
except(exception1, exception2, …)
```

上例中的两个异常，如果处理方式一样，可改为如下写法：

```
except (ZeroDivisionError, NameError):
```

9.2.3 捕获所有异常

如果对所有的异常都采用同样的处理方法，那么也可以如例 9-3 这样书写。

【例 9-3】 捕获所有异常。

```
#捕获所有异常

print '%欢迎使用除法计算器'
try:
    num1_s = raw_input('请输入一个被除数: ')
    num2_s = raw_input('请输入一个除数: ')
    num1 = eval(num1_s)
    num2 = eval(num2_s)
    r = float(num1)/num2
    print '这两个数之商是: %f' %r
except :
print '出错了!'
```

这样对于所有异常都可以处理了，但是这种方法并不推荐使用。因为它会隐藏所有意想不到的异常，使得异常继续传递，从而造成更严重的异常。

9.3 finally 语句

使用 try…except 语句处理异常时，当 try 语句块中的某一语句发生了异常后，其余的语句就不会被执行了，而是跳到 except 语句块中继续执行。但是有些情况，有些语句无论是否发生异常都需要执行，如下例所示：

```
try:
    f = open('f:/12.txt')
    f.write('1111111')
    f.flush()
    f.close()
except IOError,e:
    print "程序产生的错误是: %s" %e
```

上述代码在执行到语句“f.write('1111111')”时，由于文件是以只读的模式打开的，所以会产生一个 IOError 异常。此时，程序会跳过语句“f.write('1111111')”后面的语句，而直接执行 except 语句块，这就导致了文件 f 没有即时关闭，给接下来的操作留下了隐患。因此，对于上面的代码无论是否产生异常都应该关闭文件。

对于那些无论是否产生异常都应该执行的语句，可以使用 finally 语句来表示。如上面的代码如改成如下代码，就会合理很多：

```
try:
    f = open('f:/12.txt')
    f.write('1111111')
    f.flush()
except IOError,e:
    print "程序产生的错误是: %s" %e
finally:
    f.close()
```

9.4 本章小结

本章介绍了 Python 的异常处理。初学者往往会忽略这一部分内容，其实一个完整的程序是必须包含合理的异常处理的。异常处理直接关系着一个程序的容错性，具有优秀异常处理的程序不会因为一个小错误而导致整个系统的崩溃，更不会给系统留下可怕的漏洞。如现今最常用的网页浏览，很多网页在浏览的时候都会提示网页上有错误，但是这些网页大多数是可以用的。想象一下，如果网页上一旦有一点错误就彻底关闭，这将造成多大的影响。异常处理包括了捕获异常和处理异常两个步骤：前者由 try 语句来完成，后者由 except 语句完成。而对于那些无论是否发生异常都需要执行的代码，由 finally 语句完成。因此，异常处理的完整语句如下所示：

```
try:
    要检测的代码块
except exception [, reason]:
    处理异常(exception)的代码块
finally:
    负责清理操作的代码块
```

9.5 上机实验

上机实验 1 常见异常

【实验目的】 熟悉常见异常及其产生的原因。

【实验内容及步骤】

(1) NameError。执行如下代码，并观察输出结果。

```
>>> os.stat('f:/2.txt')
```

(2) ZeroDivisionError。执行如下代码，并观察输出结果。

```
>>> 1/0
```

(3) IndexError。执行如下代码，并观察输出结果。

```
>>> list = [1,2,3]
>>> list[3]
```

(4) IOError。执行如下代码，并观察输出结果。

```
>>> f = open('f:/123')
```

(5) AttributeError。执行如下代码，并观察输出结果。

```
>>> fruits = frozenset({'apple','orange','banana','tomato','cucumber'})
>>> fruits.add('peach')
```

(6) KeyboardInterrupt。按 Ctrl+C 键，并观察输出结果。

(7) SyntaxError。执行如下代码,并观察输出结果。

```
>>> if a>1
```

(8) UnicodeDecodeError。执行如下代码,在屏幕中输入中文字符,并观察输出结果。

```
>>> raw_input().decode('UTF-8')
```

上机实验2 带异常处理的文件读写

【实验目的】 掌握异常处理的完整语法,熟悉文件读写的异常处理。

【实验内容及步骤】

设计一个带有异常处理的文件读写程序,可参照如下代码。

```
import os.path

while True:
    path = raw_input(u'请输入文件路径')
    if os.path.isfile(path):
        break;
    print u'非有效路径,请重新输入'
try:
    f = open(path,'w')
    f.write(u'hello!')
    f.flush()
except IOError,e:
    print u'程序产生的错误是: %s' %e
finally:
    f.close()
```

习题9

一、单项选择题

1. 没有导入os模块,就使用stat()函数,会产生的异常是(　　)。

A. NameError　　B. ZeroDivisionError

C. IndexError　　D. IOError

2. 执行语句“1/0”,会产生的异常是(　　)。

A. NameError　　B. ZeroDivisionError

C. IndexError　　D. IOError

3. 执行如下代码,会产生的异常是(　　)。

```
>>> list = [1,2,3]
>>> list[3]
```

A. NameError　　B. ZeroDivisionError

C. IndexError　　D. IOError

4. 执行如下代码,所得的结果是(　　)。

```
>>> dict = {'key1':'value1', 'key2':'value2', 'key3':'value3', 'key3':'value4', 'key5':'value5'}
```

```
>>> dict[key3]
```

A. value3　　B. value4

C. 产生 NameError 异常　　D. 创建字典 dict 不成功

5. 执行如下代码,所得的结果是(　　)。

```
>>> dict = {'key1':'value1', 'key2':'value2', 'key3':'value3', 'key4':'value4', 'key5':'value5'}
>>> dict['key6']
```

A. value6　　B. 产生 KeyError 异常

C. 产生 NameError 异常　　D. 创建字典 dict 不成功

6. 异常处理所用的语句是(　　)。

A. for…in 语句　　B. try…except 语句

C. if…esle 语句　　D. while 语句

7. 执行如下代码后,所得结果是(　　)。

```
try:
    r = 3/0
    r = 3/3
except ZeroDivisionError:
    r = 0
print r
```

A. 1　　B. ZeroDivisionError

C. 0　　D. NameError

8. 执行如下代码后,所得结果是(　　)。

```
try:
    r =a/0
    r = 3/3
except ZeroDivisionError:
    r = 0
print r
```

A. 1　　B. ZeroDivisionError

C. 0　　D. NameError

9. 执行如下代码后,所得结果是(　　)。

```
try:
    r =a/0
    r = 3/3
except :
    r = 0
print r
```

A. 1　　B. ZeroDivisionError

C. 0　　D. NameError

10. 执行如下代码后,所得结果是(　　)。

```
try:
    r = a/0
    r = 3/3
except :
    r = 0
finally:
    r = 1
print r
```

A. 1　　B. ZeroDivisionError

C. 0　　D. NameError

11. 会产生 KeyboardInterrupt 异常的操作是(　　)。

A. 打开不存在的文件

B. 除法运算时,除数为零

C. 用户按下了 Ctrl+C 键时

D. 向一个以只读模式打开的文件中写入

12. 下列属于异常的是(　　)。

A. KeyboardInterrupt　　B. ZeroDivisionError

C. NameError　　D. 全部都属于

13. 会产生 ZeroDivisionError 异常的操作是(　　)。

A. 打开不存在的文件

B. 除法运算时,除数为零

C. 用户按下了 Ctrl+C 键

D. 向一个以只读模式打开的文件中写入

14. 会产生 NameError 异常的操作是(　　)。

A. 没有导入 os 模块,就使用其中的函数

B. 除法运算时,除数为零

C. 用户按下了 Ctrl+C 键

D. 向一个以只读模式打开的文件键写入

二、多项选择题

1. 执行如下代码后,可能产生的异常是(　　)。

```
try:
    f = open('f:/12.txt')
    f.write('1111')
except :
    print '打开文件出错'
```

A. IOError: File not open for writing

B. IOError: [Errno 2] No such file or directory: 'f:/12.txt'

C. SyntaxError: invalid syntax

D. NameError: name 'f' is not defined

2. 异常处理包括的步骤有(　　)。

A. 捕获异常　　B. 定义异常

C. 处理异常　　D. 抛出异常

3. 下列会产生异常的是(　　)。

A. 访问未定义的变量

B. 除法运算时,除数为零

C. 断言语句失败

D. 打开不存在的文件

4. 以下属于异常的是(　　)。

A. KeyboardInterrupt　　B. StopIteration

C. IOError　　D. ZeroDivisionError

5. 会产生 IOError 异常的操作是(　　)。

A. 打开不存在的文件

B. 除法运算时,除数为零

C. 删除一个已打开的文件

D. 向一个以只读模式打开的文件中写入

三、判断题

1. 对于一个程序来说,异常处理是可有可无的。(　　)

2. 异常处理由捕获异常和处理异常两步组成。(　　)

3. try 语句后面可以接多个 except 语句。(　　)

4. 在 Python 中,打开一个文件以后,必须使用 close()函数关闭这个文件,否则会造成内存泄漏。(　　)

5. 除法运算时,除数如果为零,会产生 ZeroDivisionError 异常。(　　)

6. 写操作以后,没有关闭文件,会产生 IOError 异常。(　　)

7. KeyboardInterrupt 通常在用户按下了 Ctrl+C 键时产生,所以它不是异常。(　　)

8. 删除一个已打开的文件,会产生 IOError 异常。(　　)

9. 对于那些无论是否发生异常都需要执行的代码,要放到 finally 语句块中。(　　)

10. 当 try 语句块中的某一语句发生了异常后,其下的语句就不会被执行了。(　　)

参考文献

[1] 江红，余青松. Python 程序设计教程[M]. 北京：清华大学出版社，2014.

[2] 杨长兴. Python 程序设计教程[M]. 北京：中国铁道出版社，2016.

[3] 董付国. Python 程序设计[M]. 北京：清华大学出版社，2016.

[4] 何敏煌. Python 程序设计入门到实战[M]. 北京：清华大学出版社，2017.

[5] 刘浪. Python 基础教程[M]. 北京：人民邮电出版社，2016.

[6] 江红、余青松. Python 程序设计与算法基础教程[M]. 北京：清华大学出版社，2017.

[7] 夏敏捷，杨关，张慧档，等. Python 程序设计——从基础到开发[M]. 北京：清华大学出版社，2017.

[8] 刘卫国. Python 语言程序设计[M]. 北京：电子工业出版社，2016.

[9] 秦颖. Python 实用教程[M]. 北京：清华大学出版社，2016.

[10] Magnus Lie Hetland. Python 基础教程[M]. 2 版. 司维，曾军崴，谭颖华，译. 北京：人民邮电出版社，2014.

[11] 董付国. Python 可以这样学[M]. 北京：清华大学出版社，2017.

[12] Wesley Chun. Python 核心编程[M]. 3 版. 孙波翔，李斌，李晗，译. 北京：人民邮电出版社，2016.

[13] Laura Cassell，Alan Gauld. Python 项目开发实战[M]. 高弘扬，卫莹，译. 北京：清华大学出版社，2015.

[14] Mark Lutz. Python 学习手册[M]. 李军，刘红伟，译. 北京：机械工业出版社，2011.

[15] David Beazley，Brain K. Jones. Python Cookbook 中文版[M]. 3 版. 陈舸，译. 北京：人民邮电出版社. 2015.

[16] Mark Lutz. Python 编程[M]. 4 版. 邹晓，瞿乔，任发科，译. 北京：中国电力出版社，2014.

[17] Jacqueline Kazil，Katharine Jarmul. Python 数据处理[M]. 张亮，吕家明，译. 北京：人民邮电出版社. 2017.

[18] Toby Donaldson. Python 编程入门[M]. 3 版. 袁国忠，译. 北京：人民邮电出版社，2013.

[19] Magnus Lie Hetland. Python 算法教程[M]. 凌杰，陆禹淳，顾俊，译. 北京：人民邮电出版社，2016.

[20] Fabio Nelli. Python 数据分析实战[M]. 杜春晓，译. 北京：人民邮电出版社，2016.

[21] Steven Bird. Python 自然语言处理[M]. 陈涛，张旭，崔杨，等译. 北京：人民邮电出版社. 2014.

[22] 吴萍. 算法与程序设计基础 Python 版[M]. 北京：清华大学出版社，2015.

[23] 张若愚. Python 科学计算[M]. 北京：清华大学出版社，2016.

[24] Mark Summerfield. Python 编程实战[M]. 爱飞翔，译. 北京：机械工业出版社，2014.

[25] 李东方. Python 程序设计基础[M]. 北京：电子工业出版社，2017.

[26] Hemant Kumar Mehta. Python 科学计算基础教程[M]. 陶俊杰，陈晓莉，译. 北京：人民邮电出版社，2016.

[27] Bill Lubanovic. Python 语言及其应用[M]. 丁嘉瑞，梁杰，禹常隆，译. 北京：人民邮电出版社，2016.

[28] Katie Cunningham. Python 入门经典[M]. 李军，李强，译. 北京：人民邮电出版社，2014.

[29] Paul Barry. Head First Python(中文版)[M]. 林琪，郭静，等译. 北京：中国电力出版社，2012.

[30] 胡松涛. Python 网络爬虫实战[M]. 北京：清华大学出版社，2016.

[31] David M Beazley. Python 参考手册[M]. 4 版. 谢俊，杨越，高伟，译. 北京：人民邮电出版社，2016.

[32] 张志强，等. 零基础学 Python [M]. 北京：机械工业出版社，2015.

[33] Steven F Lott. Python 面向对象编程指南[M]. 张心韬，兰亮，译. 北京：人民邮电出版社，2016.

[34] Allen B Downey. 像计算机科学家一样思考 Python[M]. 2 版. 赵普明，译. 北京：人民邮电出版社，

2016.
[35] 于京，宋伟. Python 开发实践教程[M]. 北京：水利水电出版社，2016.
[36] 冯林. Python 程序设计与实现[M]. 北京：高等教育出版社，2015.
[37] Eric Matthes. Python 编程从入门到实践[M]. 袁国忠，译. 北京：人民邮电出版社，2016.
[38] Wes McKinney. 利用 Python 进行数据分析[M]. 唐学韬，等译. 北京：机械工业出版社，2014.
[39] Daniel Liang. Python 语言程序设计[M]. 李娜，译. 北京：机械工业出版社，2015.

图书资源支持

感谢您一直以来对清华版图书的支持和爱护。为了配合本书的使用，本书提供配套的资源，有需求的读者请扫描下方的“书圈”微信公众号二维码，在图书专区下载，也可以拨打电话或发送电子邮件咨询。

如果您在使用本书的过程中遇到了什么问题，或者有相关图书出版计划，也请您发邮件告诉我们，以便我们更好地为您服务。

我们的联系方式：

地　　址：北京海淀区双清路学研大厦 A 座 707

邮　　编：100084

电　　话：010－62770175－4604

资源下载：http://www.tup.com.cn

电子邮件：weijj@tup.tsinghua.edu.cn

QQ：883604（请写明您的单位和姓名）

书圈

用微信扫一扫右边的二维码，即可关注清华大学出版社公众号“书圈”。